石油に頼らない

森から始める日本再生

養老孟司＋
日本に健全な森を
つくり直す委員会

目次

第2部

林業再生への たしかな 道筋を

第3部
私たちの提言

藤森隆郎（日本森林技術協会 技術指導役）
竹内典之（京都大学名誉教授）

林業が、新政権のテーマになるまで

天野礼子
（アウトドアライター）

〝林業再生〟の始まり

日本の林業は、長い低迷の時代にあった。

「ロン（ロナルド・レーガン大統領）・ヤス（中曽根康弘総理）交渉で木材輸入が自由化されたのが間違っている」と、おじさんたちがハチマキを巻いて叫んでいる大会の光景を子供の時にＴＶで見たのを、北山杉の里に生まれた私は覚えている。

2003年のこと、その頃「川を再生するには森を何とかしなければ」と思い、森への行動を始めていた私の前に、一冊の提言書が出現した。「森林再生とバイオマスエネルギー利用促進のための21世紀グリーンプラン」（2003年2月発表）だった。

「経済同友会」環境委員長である、富士通総研の理事長、後に日銀総裁になられた福井俊彦氏が中心となってまとめられたものという。その提言の作り主が梶山恵司という人物であると知るのは、もう少し後のことになる。

2005年5月に、『〝緑の時代〟をつくる』を旬報社から出版した。岡山の集成材メーカー銘建工業の中島浩一郎氏からオーストリア政府を紹介してもらい、「木質バイオマス・エネルギー」を学びにオーストリアへ行き、まとめたものだった。その4年前から私は、高知県仁淀川源流の町・池川町（今は合併して仁淀川町となっている）に釣りと執筆のための家を借り、大原儀郎という元気な老少年と友達になっていた。少年のような老人で「池川木材」という家庭用木工製品製造会社を会長として営み、「高知で、木材の乾燥を重油やのうて木質バイオマスエネルギーでやってきたのは僕だけ。もっとも、近頃は〝バイオマス〟っていうてるけど、会社が貧乏やから、木を捨てんとエネルギーにしてきただけよ」が口ぐせだった。

この人が、自慢の木材乾燥装置を、あろうことか火事に遭わせてしまい（漏電が出火原因）、息子の栄博さんが銘建工業の中島社長に教えられて、「ボイラーならオーストリアの技術が一番」と、みんなでオーストリアへ出かけてみることになったのだった。

オーストリアから帰国して一冊を出版した後、上京して全国森林組合連合会（全森連）の肱黒直次氏に月刊誌『森林組合』での連載を申し入れた。日本の山里で「森林組合」が一番元気がなく、情報もない中で停滞していると見えたからだ。

取材先は自分で選んで、日本の山元でがんばっている人々を書き、「あなたもがんばって」と、オーストリア行きを書いた『〝緑の時代〟をつくる』（旬報社）を毎月一冊ずつ読者プレゼントしていた。

梶山さんには、富士通総研に会いに行った。岩波新書『ダムと日本』を読んでいてくださったようで「日本の本はあんまり読まないのですが」とはにかまれた。私より1歳年下、昭和29年生まれのナイス・ガイ。

ここから、梶山さん、「日吉町森林組合」参事の湯浅勲さんとのつきあいが始まっていった。それぞれの持ち場で私たちは、それぞれに〝林業再生〟に力を貸してきたと思う。

梶山さんは、「日本林業のここ数十年の病理」を解き明かした。今、彼の出している結論は、「日本の戦後植えられた人工林は長く成長期にあった。今はそれが使い頃になっているので、山から材を大量に出せる〝社会システム〟を早急に作り上げるべきである」というもの。それにしても、わが国にはいくつの林業研究機関や研究者がいるのだろう。ただ一人として彼が一人で出した結論にゆきつけないとは……。この背景にあるのは、林野行政を批判するあまり、良質の研究者が「林野庁解体論」にまわったことにあると思う。

一方、「森林組合」の取材で、2006年2月に九州森林管理局に行き、「低コスト路網整備」という作業改革が始まったことを書いた。九州森林管理局長として赴任したばかりの山田壽夫さんは、「新流通・加工システム」と「新生産システム」の提案を本庁の木材課長時にしていて、梶山さんの「グリーンプラン」作成時にもディベイトしていたのだと聞かされた。

日吉町森林組合参事の湯浅さん、富士通総研主任研究員の梶山さん、林野庁の山田壽夫さんが、近年の〝林業再生〟の立役者であることは、200

6年11月に出版した『〝林業再生〟最後の挑戦』（農文協）や、山田壽夫さんのために養老孟司さん、立松和平さんも私と共に共著者となっていただいた『21世紀を森林《もり》の時代に』（北海道新聞社）にレポートしてある。

「日本に健全な森をつくり直す委員会」の結成

京都大学で提唱された「森里海連環学」を広める活動を高知県などで始めていた私は、その学問を提案した人工林研究者の竹内典之さんと、高知県仁淀川の森で1000ヘクタールくらいの間伐をしてゆこうというとてつもない目標を持った。

そこで高知県に縁のあった養老孟司さんに手紙を書き、高知県で「自然に学ぶ〝森里海連環学〟」というカルチャー教室をお手伝い頂くなどの親交が始まったのだ。

ある夜、11時近くに、「福井の田中と申します。養老先生の……」と電話があり、眠い目が醒めて座り直すと、養老先生のお父様の故郷・福井の田中保という木材屋さんが近年、養老先生と「自然と暮らし隊」という活動をされており、「養老先生が大阪にすごい女性がいるので会ってみて、一緒にやれることがあればやったらとおっしゃっている」のだと、のたまう。

これが、2008年7月に「日本に健全な森をつくり直す委員会」を結成してゆく始まりであった。

この頃私は、林野庁の林政審議会委員を2年勤め、任期が切れていた。官僚のみなさんが決めたことを追認するだけのあんな委員会だけで林政が決められるのでは、日本林業の「本当の再生」は難しいなと考えていた。

「日本に健全な森をつくり直す委員会」は、田中さんと私が進めたことなので、養老先生も委員長に就任され、文学界では兄と慕うC・W・ニコルさん、立松和平さんという、日本の森を自力で再生されている物書きにも参画いただいた。「森里海連環学」の京都大学からは、総長の尾池和夫さんと竹内典之さん。林野庁や全森連との〝林業再生〟を進めておられるグループからは、梶山さん、湯浅さん、藤森隆郎さん。経団連の自然保護協議会のお世話をされている真下正樹顧問は、日本初の森林認証機関である「SGEC」（エスジェック）を作った人物でもある。私たちの委員会の〝カナリヤ（炭坑で酸素不足を知らせる）〟役は、高知の山崎技研社長、山崎道生さんにお願いした。

7月から2008年内に、養老先生の箱根別荘近くで2回の委員会。

2009年4月18日は、東京で新聞各社の論説・編集委員や菅直人民主党副代表（当時）をお呼びしての委員会。

5月24日には島根県益田市で、地元の「清流高津川を育む〝木の家づくり〟協議会」や流域市町村、県の農林水産部のみなさんとの、はじめての共催シンポ「21世紀を森林《もり》の時代に」に1000人が入場。前日には地方委員会を開催した。

8月5日には、田中保さんの地元、越前市での、益田市と同じタイトルのシンポジウムに1400人が入場。福井新聞社が創立110周年記念行事として取り組んでくださった効果で、田中さんたちの入場料1000円(島根では無料だった)シンポジウムが見事、成功した。

11月16日は、高知市で、県、市、高知新聞社105周年記念の共催シンポジウムとなった。四国銀行が告知の費用を協賛。平日なのに600人で会場が満杯になり、知事も始めから終了までつきあってくださった。

このように「日本に健全な森をつくり直す委員会」は、各地での公開委員会やシンポジウムを地元団体との共催によって行ない、「日本に健全な森をつくり直すことが必要」という世論の醸成に努めてきている。

「提案書」づくり

委員会の大きな仕事として私たちは、梶山・福井両氏が作られた「グリーンプラン」を一歩進めたようなものを作りたいと考えていた。「グリーンプラン」を作られた時から、梶山さんの思考に進歩があるに違いないと思えたからだ。それには、梶山さんも賛同してくれた。

2008年12月に箱根で開催した委員会の終了後に、竹内先生、藤森先生という、林業界では稀なまともな研究者に、「提言づくり」を依頼した。いつのまにか「委員会」の事務仕事や会議の進行は私の役目になっていたからだ。

お二人は正月を使って、この本に納めているような「私たちの遺言」と私が勝手に名付けた長文の提言案を作ってくださった。どこに出してもはずかしくない立派なものだ。

しかし、これでは長くて使えない。

そこから、私たちの苦労が始まった。なんとそれから提言ができあがるまでに9か月を要してしまう。

2009年5月の島根でのシンポジウムが終了すると、総選挙の風が吹いてきた。どうやら「政権交代」が本当に起こりそうである。

8月のシンポの準備に忙しい田中さんをはずして、何回かの提言づくりのための会合を東京で持ち、8月30日の総選挙を射程と決めて、提言書づくりを進めていった。9月18日に新政権に手渡すことを、養老委員長とニコル副委員長のスケジュールの都合で決定する。私は、夏の楽しみの鮎釣りを棒に振って、作業に専念した。

提言書は、養老先生が委員会でお話しされていた「早く石油を使い切れ」からタイトルを取り、「石油に頼らず、森林《もり》に生かされる日本になるために」

と名付けた。

これまでの政権のままでは実現不可能と思える「林政を一から考え直す」ための提案を、そこには書き込んだが、委員の中には「こんなことを書き込んでも、実現できないのでは」という意見もあった。しかし慎重な一名を除いた全員が、「言いたいことをすべて書き込んでおいて、新政権の動きを待とう」と、機運は高まっていった。

「政権交代」が実現しそうな風が、世間には吹いていた。

国家戦略局室と梶山さん

2009年4月18日の東京委員会にオブザーバーゲストとしてお出で頂いた菅直人さんと私は、公共事業問題で協働してきていた。民主党代表としての菅さんを、長良川、川辺川、諫早にお連れしたのは私だ。

菅さんに、「林業を次なるご自身のテーマとしていただきたい」と初めてお話をしたのは、2005年の『〃緑の時代〃をつくる』を上梓した時で、菅さんはその頃から「〃植物で生きる〃を日本で提唱したいんだ」とおっしゃっていた。

2006年11月に『〃林業再生〃最後の挑戦』を差し上げると、「作業道づくりの現場を見たい」とおっしゃられ、奈良・吉野の清光林業、岡橋清元さんの「大橋式作業道」を視察された。のちには京都府日吉町森林組合へも行かれている。

民主党内には、菅さんを委員長として「農業再生委員会」が設けられていたが、私は「農業だけでなく林業も一緒に再生してゆくべき。山里では同一人物が農業をしながら森を支えており、それはヨーロッパなど林業先進国も同じです」と菅さんに進言した。

2007年のゴールデンウィークに、この「農業再生委員会」のメンバーでドイツ林業を視察してもらうことをセットさせていただいた。私自身は同行しなかったが、梶山さんが他の予定をキャンセルして随行された。梶山さんの〝林業再生〟に対する熱い想いを再確認した。

2009年8月、夏の衆議院選挙は、本当に暑い中に行われた。落ちたのは、小泉チルドレン、自民党の大物たち。民主党は与野党の他党を蹴散らし、圧倒的勝利を得た。日本の老若男女が「政権交代」の一点で民主党に票を集中させたのがはっきりと誰の目にもわかる選挙であった。鳩山由紀夫さんが総理に就任され、副総理に菅直人さん、そして国家戦略大臣も兼任されることとなった。

9月18日に、私たち「日本に健全な森をつくり直す委員会」は提言の発表を準備していた。選挙終盤から、提言を作っていることを鳩山さん、菅さんにはお伝えしていたが、発表の当日のスケジュールが取れそうなのは菅さんで、「夜9時まで待っていてほしい」と言われた。

林野庁の林政記者クラブで、養老委員長、ニコル副委員長、梶山さん、私の4名で、提言「石油に頼らず、森林《もり》に生かされる日本になるために」を発表した。このクラブが、林業専門誌の記者の皆さんの集まりとわかったのは会見直前で、一般紙に発表できると思いこんでいた私は自分の不手際を反省したが、すぐにこれでよかったとわかる。記者のどなたもが、梶山さんの論文などをすでに読み込んでおられたり、ドイツ林業取材を済ませている方々で、本当に林業のことを心配し、「日本の山のゆくすえ」を日々考えておられる方々とわかったからだ。（しばらくしてこの方々が私たちの提案書発表を書いてくださった記事は、どれも扱いが大きく、しっかりした記事で、まず初めに読んでもらいたい林業関係者の胸には必ずまっすぐに落ちていったと思う。）

夜9時に、菅さんの指定されたところへ法政大学の五十嵐敬喜教授に同行して頂き、うかがった。提言書をまず菅さんに手渡すと、「〝石油に頼らず〟が、養老先生らしいね」とおっしゃり、「今日はお祝いをしましょう」と、ワインを開け、三人分のグラスに注いでくださった。

「まず、天野礼了に乾杯。だってそうでしょ。今日はね、内閣の中に国家戦略室を設定したの。さっきまでその記者会見をしていました。総理も『ダム反対』と言う、民主党も政権与党も『ダム反対』、そして国土交通大臣の前原君も『ダム反対』と言ってるじゃない。これは、天野礼子の〝市民革命〟が成し遂げられたということだよ。誰もほめる人はいなくても、五十嵐先生と僕は、あなたをほめてあげたい。ダム反対で田中角栄―竹下登―金丸信なるものと対決し、河川官僚だけでなく官僚組織そのものを敵にまわして闘っていたと思ったら、『次は森だ』と僕に火をつけて、自分は今度は官僚を敵とせず、林政審議会の委員にもなっていたそうだね、やるなぁー。

　こうした養老先生のメッセージを提言にして、新政権が歩む道を示してくれている。僕を育ててくれた小さな『社民連』の岐阜の事務局長だった村瀬惣一さんとあなたは、長良川河口堰問題を象徴として日本の川と公共事業を問い、そして今あなたは、森も問うている。今日は、何度でも乾杯しましょう」。3本のワインが、この夜、空いた。

10月6日にはようやく、農林水産副大臣になられた山田正彦氏にも、梶山さんと2人で提言書を手渡すことができた。この山田さんは五島列島の出身で、島で大規模に牛を飼ったり、「島よ!」という季刊誌を発行されたり、多才な人物。梶山さんとはドイツに同行しておられる。梶山さんが話し始めるとすぐに受話器を取られ、「林野庁長官を呼んでくれ」とおっしゃり、島田泰助林野庁長官が10分ほどで来られた。

「長官、来年の予算は〝森林所有者取りまとめ〟と〝作業道づくり〟。この二本でゆくよ。森林組合がこの二つに取り組まざるを得ないように、他の予算はつけない。いいね」

島田長官は、丸い目を一層丸くされ、言葉が出ない。私と梶山さんも同じ。ようやく口を開いた島田さんがこうおっしゃった。

「大臣、私の部下たちが、対応できますかどうか……」

「だいじょうぶだよ。君の部下は、僕の部下だろ。お昼休みにわるいけど、明日の12時半に、君と僕の部下のうち幹部を集合させてくれたまえ。僕のこの言葉は、副総理であり、国家戦略大臣である菅さんと僕が相談をして発していると認識してもらえるように話をするよ」。

「政権交代」とは、こういうことなのだ。私たちが提言書に書き込んだ「林政の総合計画を一から作り直そう」を実現してゆける道筋が、ようやくついた瞬間であった。

それにしても驚いた。これまで湯浅さんや梶山さんは「地球温暖化防止策とか言って伐り捨て間伐の予算を林野庁が出している。こんな甘い仕事があるから、森林組合が真剣に〝所有者とりまとめ〟や〝作業道づくり〟に取り組まないのだ。あんなもん、やめちまえばいい」とおっしゃっていたのだが、山田副大臣のこの判断は、まるでそれをどこかで聞いていたのではないかと思えるほど、的を射ている。「梶山さんの絶句は、驚きよりも喜びのあまりかもしれない」と思った。

11月2日に、梶山恵司さんは「内閣審議官」に就任された。9月18日夜に菅さんから「戦略室」に誰か推薦したい人物はいるかと問われたので、梶山さんの名前を挙げていたからだ。国家戦略室付きとなり、菅戦略相（後に財務大臣）の下で、「林業」を「雇用問題」の突破口の一つとするという。「ニューディール（やり直し）政策」。ルーズベルト大統領が第一次世界大戦から帰った兵士を向かわせた先は、日本では「ダム」であったとのみこれまでは報道されてきていたが、もう一つの柱は「森林」であった。

新政権の「グリーンニューディール」が今、国家戦略室の手によって林業支援に向けられているというのが、私たち「日本に健全な森をつくり直す委員会」が活動した一年間の大きな収穫であろう。

第1部

日本の未来と森づくり

第1章

石油がなくなるまでにやるべきこと

養老孟司
（東京大学名誉教授）

石油が20世紀の歴史を左右してきた

私は、日本に現在のような森が残っているのは、石油のおかげだと言っています。昔の方が森林が多いと思っている人は多いですが、まったく逆で、江戸時代には燃料として猛烈なスピードで大量の木が伐られたため、丸裸の山が日本各地にでき、川の水害を繰り返させる要因となっていました。それが現代のようになった理由が、「石油」です。

江戸から明治になり、日本は鎖国を止めたことで、資源が海外から流入するようになって非常に豊かになり、近代日本が作られました。当時、神戸の六甲山ははげ山でしたが、現在では、新幹線のホームにまで枝葉が伸び、緑が戻っています。近代になって石炭を使うようになり、その後は石油が輸入されるようになったために、燃料としてだけでなく、樹木の脂や動物の脂を使って作られていた樹脂製品が石油から作られるようになり、木を使わないで済んだからです。

アメリカの油田について調べてみると、１９０３年にテキサスで大量の石油が出ています。それ以前にはペンシルベニアあたりに油田があり、灯油に使っていました。1903年にはヘンリー・フォードが自動車会社フォード・モーター社を設立し、1908年にT型フォードを発売すると爆発的なヒットをします。同じ1903年にはライト兄弟が自動車エンジンを造って世界で初めての有人動力飛行に成功しています。

こうして、石油は産業革命のなかに組み込まれて行きます。それを典型的にやってきたのが、アメリカです。10年前の統計でも、アメリカ人は日本人よりも一人当たり4倍のエネルギーを消費しています。ヨーロッパは日本の2倍で、中国は日本の10分の1でした。

私が第1次オイルショックの時に一番驚いたことは、経済成長（国内総生産：GDP）と石油消費は完全に比例するということでした。しかも、その関係はある種の方程式になっていて、ドイツのある物理学者は、日本とアメリカはその方程式にほぼぴったり当てはまると説明したと聞いて、さらに驚きました。

1970年の「経済白書」には、石油消費と経済成長が関係しているということすら考えておらず、経済が成長するから、石油が利用されるとされていますが、実はそうではなくて、経済成長はエネルギー消費そのものだったのです。

アメリカ文明が大きくなってきたのは、石油を無制限に使ってきたからです。そのことに尽きます。石油を無制限に使うということは、石油の需要が増えたら供給を増やす。供給が増やせれば、いくらでも需要が伸びる。そして、使っている分だけ供給してやれば、石油価格は一定になる。それをやってきたから、石油がなくなったのです。

20世紀において、石油はずっと右肩上がりで消費されてきました。石油の需要は下がることはありませんでした。しかし、消費はどこかの時期に下がることになります。なぜなら、石油の供給には限度があるからです。この時期を専門家は、「ピークアウト」と言っています。利用できる石油量の半分を使い切ったということです。

アメリカ一国について言えば、ピークアウトが来たのは１９７０年で、73年には第1次オイルショックが起きています。これはアメリカが原油輸入国になったために、世界の石油市場が高騰し、その結果、不景気になったのです。つい最近も原油価格が急激に上がり景気が悪くなるということがありました。これは金融が理由でしたが、原油価格が上がると不景気になるわけです。

自由経済の根本は、「原油価格の一定」です。原油価格を上げない限り、何をしようが自由だ、ということです。ピークアウトになると、その前提が壊れます。お金をたくさん払ってくれるところに石油が行くようになることが、本当の意味の自由経済ですが、現在はたちまち統制経済になります。

アメリカが原油輸入国になったように、地球全体が輸入国になる時期が必ずやってきます。現在までに産油国の約60か国がピークアウトになり、自分の国が産出する石油で、自分の国の石油需要が賄えなくなっています。いま、もっとも大きな油田はサウジアラビアで、次に大きいのがイラクにあります。こうしたことからみれば、アメリカがイラクに出兵をした理由は、石油以外にあり得ません。新聞などの報道ではテロが云々など、いろいろなことを言いますが、本当の理由は石油です。

こういう見方をしてくると、20世紀は〝石油の世紀〟だったということが言えます。しかし、石油が近代史を左右してきたということは、あまり言われていません。それは、おそらく歴史の研究者が文科系だからだと思います。文科系の人が歴史を考えると、文化的、政治的な文脈に基づいた歴史になりがちですから、そういうことは言わないのです。

「温暖化キャンペーン」を疑う

私は、小学校2年生の時に終戦を迎えました。そこで世の中がガラッと変わってしまうという経験もしました。それまで、「一億国民の決戦」「一億玉砕」と言い、特攻隊を出して、みんなで竹槍訓練をし、バケツリレーもやったことがすべてパーです。さらに、文部省（現・文部科学省）は、私たちがそれまで使っていた国語の教科書に、教室で墨を塗らせました。そこまでやれば、何を信じて、何を信じてはいけないか。どれが正しく、何を信じればいいのかと子どもでも考えます。私はいろんなことに騙されてきたなと思いましたし、政治も含めて信頼を失いました。

そういう感覚で世間を見てくると、たとえば最近の「地球温暖化キャンペーン」は、完全に「一億玉砕」「本土決戦のため」と同じ構図だということが瞬間的にわかります。

戦後になってから、「戦前の軍国主義」と言いますが、私はそんな主義はなかったと思っています。日本は「主義がない国」です。司馬遼太郎が『この国のかたち』

で「思想というものがない」と書いたとおりです。では、何があるかというと、新聞の紙面全部が戦争の記事になるだけです。

温暖化キャンペーンは、「石油を使うな！」「無駄に石油を使うんじゃない」と言うために「温暖化」と言っているだけです。「欲しがりません、勝つまでは」と同じように「石油を使うな」と言っているだけです。

しかし、「地球温暖化キャンペーン」がおかしいのは、「元栓を閉めろ」と言う人が世界中に1人もいないことです。50年後に50パーセント減らすのであれば、すべての油田で現在の量から毎年1パーセントずつ産出量を減らせばいいはずです。どうして、そんな簡単なこともしないのか？

私たちは、どんなことに石油が使われているか、わかっているでしょうか。電気、車だけでなく、ありとあらゆるものに石油は使われています。

にもかかわらず、わけのわからないキャンペーンをするということは、本気ではないということです。

戦争についてもう一つ言いたいことは、日本がアメリカと戦争に入った時に、日本は石油の9割をアメリカから輸入してました。それで戦争を始めるというのは、とても正気だったとは思えません。9割の石油を輸入している相手に対して、軍艦を使い、飛行機を使って近代戦をやることとは一体どういうことなのか、という疑問を誰も持てなかったことが、私にはどうしてもわかりません。

「石油が本当に問題ならば、元栓を閉めればいい」と誰も言わないのと同じように、どうしてこんな当たり前のことを言わなかったのかと思うのです。

もう一つ、今後30年以内に関東地方に大地震が起こると言われていますが、その時にどうするかも非常に大きな問題だと思っています。と言うのは、歴史家は何も書いていませんが、関東大震災が、帝都、当時の東京の人たちの気持ちにどういう影響を与えただろうかということです。日本は天災の国だからといって、何気なく受け流したということは絶対にありません。非常に大きな影響があったに違いないと、私は思っています。

当時の人々の心に何が起こったかをわかりやすく言うと、「麻雀で役万を振り込んだようなもので、役万を振り込んだら後の手が荒くなるのはしょうがない」ということではないかという気がします。関東大震災の前の日本は、ある意味で今の状況に近いような非常に平和な時期でした。そこに一晩で何万人も死ぬような天災がやってきたのです。

そうすると人々の心の中に、「あれだけのことがあったのだから、あとはたいしたことないじゃないか」という考え方が広がったのではないでしょうか。それは自覚できるようなことではなく、暗黙のうちに広まったということはないでしょうか。私には、少なくとも当時の日本政府の中に、「これくらいの人命の損害はやむを得ない」という暗黙の了解のようなものができたのではないかという気がします。その意識をひきずっていくことで、第2次世界大戦の特攻隊になり、最後には原爆の被害になったのではないかという気がします。

30年以内に東京に大きな地震がくる。その時の一番の問題は、人心に対する影響です。人間がそれによってどういう影響を受けるか。たぶん、第2次世界大戦の前と同じような気持ちになると思います。そうすると、この国はまた同じ歴史を繰り返すことになるのではないか、という気がしています。

この前の戦争がどうして起こったのかという歴史家の研究はたくさんあります。いろいろな筋を考えていますが、私には「もしかしたら全てが嘘ではないか、本当はそんなにはっきりした筋があったのではなく、たとえば国際連盟脱退にしても、

〝悪い偶然〟がいくつも重なったのではないか」という想いがあります。その「悪い偶然」の背景には、歴史家が捉えていない「人心の暗黙の了解があった」のではないかという想いも持っています。

多くの人は、「現実」は客観的に一つだと思っていますが、実は「現実」は人によって違います。その人の行動に影響を与えるものが、その人にとっての「現実」です。

大きな地震が30年のうちに来ることに対して、何かしようという人にとっては、それは「現実」ですが、私のように「どうせ、その前に死ぬ」と考えている人にとっては「現実」ではありません。石油の問題も、それにちょっと似たところがあるのではないでしょうか。

ピークアウト後の「森の使い道」

石油がピークアウトする時期を、専門家は10年以内と予想しています。ピークアウトしたらどうなるか、その時のことを考え、私は「森」に関心を持っています。

いまはまだ石油がありますから、石油離れをしても、当分の間は〝現代社会〟は成り立つでしょう。石油が使える間に、石油を使ってやらなければならないことはやっておかなければなりません。その「見直し」を私なりに考えてみた時に、何が重要か。私は、第1次産業が非常に大切だと思っています。第1次産業は、実は、国土そのものの問題だからです。

石油がピークアウトして石油がなくなってくると、この国はあっという間に木を伐るでしょう。日本人は徹底的にやりますから、背に腹は代えられないと森を消してしまうことになるのではないか、それが一番気になっています。森が消えないように、石油が使えるうちに石油を使ってやらなければならない技術開発をし、どのように森を保全維持管理をしていくかを、いまのうちに考えておかなければなりません。

石油のピークアウトは必ず来るのですから、問題はピークアウトをきちんと予測するということです。私は、そう遠い未来ではないと思います。そうなると、石油の代替として森が燃料として非常に重要になってくる可能性があります。その時に林業の位置がどうなるかということは、いまから考えておかなければならないことです。

石油量を見越して何を考えるか。たとえば、ガソリンが1リットル500円になったらどういうことになるか。どういう業種のどこが潰れていくか。どこが残っていくか。

第1次オイルショック後に、それまではなかった職業が2つ発展しました。宅配とコンビニです。オイルショックで原油価格が一気に上がり、その後反転して下がりました。石油が安くなったことで、コンビニも宅配も非常に有利になったわけです。つまり、「物流」です。アメリカは、大型トラック、トレーラーで全部売り物を運ぶことができる、そういう流通経路で成り立っていますから、日本以上に必死に考えているはずです。

石油の値段は、供給が止まった瞬間から高くなります。のんきな顔しているのは、日本人くらいでしょう。木を売って産業を発展させようと本気に考えるのであれば、インドや中国と手をつながなければなりません。どうでもいい物見遊山に使う石油はもうすぐなくなります。日本に残るのは、森という資源環境です。石油があったから、森を放置しておけました。石油のおかげで森の貯蓄ができました。日本の森は、石油のおかげです。その使い道を急いで考えなければならない時が来ていると思います。

第2章

森——日本の文化を支えるこころの器として

立松和平

（作家）

日本の山、おもいつくままに

２００３年から月刊誌『岳人』の「百霊峰巡礼」という企画で、毎月、全国各地の霊峰を登っています。最近、足をケガしたので高い山に登るのは大変なので、先日は３７０メートルほどの千葉県の清澄山を5時間ほど歩いてきました。途中に東京大学農学部の演習林があり、そのまわりはスギ、ヒノキの県有林で、高い山はありませんが、広大な森になっています。日蓮聖人が上がってくる太陽に向かって、はじめて「南無妙法蓮華経」とお題目を唱えたとされる、清澄寺のある旭が森も、見渡す限りの森で、山並みが開放していく広大な風景に驚きました。房総の海岸縁には照葉樹林がたくさんありますから、原風景は照葉樹林だろうと思ったのですが、そうではなく、モミやトウヒだということでした。

それよりも前に登った奈良県の大神《おおみわ》神社の三輪山（４６７メートル）も、やはり高い山ではありませんが、ご神体の山です。許可をとらなければ登ることができませんし、登っても写真を撮ることも、あとで文章で描写をしてもいけないということでした。登拝道の管理といった意味では手が入っているとは思いますが、それ以外はまったく人の手が入っていない山です。そうしたまったく手の入っていない山が美しいかというと、道を確保するために倒木を片付けはしても、他のところは手つかずで、誰でも感じるように美しいというわけにはいきません。森はやはり、ある程度は人間の手が入らないと持続していかないということがよくわかります。

知床の森にはよく行きますが、エゾマツやトドマツといったよい木は伐ってしまっていますが、広葉樹にはあまり手をつけていません。熊がたくさんいるのでうかつには入れませんが、倒木が多く、倒木更新もある天然の森です。こうした本当の自然の森は、生と死があらわになっていて、荒れ狂っている感じがします。日本にはそうした原生林はほとんどありませんが、知床の森は数少ない本当の原生林という感じがします。

日光東照宮への参道には、樹齢400年を超えるたいへんなスギ並木がありますが、もはや400年間生きられる条件がなくなってきています。昔の街道がアスファルト道路になり、大量の車が走っています。スギはたくさんの水を必要としますから、アスファルトにすると十分に水がいきわたりません。地下水もズタズタになっているでしょう。大きな風が吹くとスギが倒れ、その数は年間100本くらいになるそうです。その管理が大変です。

多湿多雨な屋久島の森ではスギの勢いが強く、営林署の人がいうには、道路の両脇に生えてくるのはもちろん、アスファルトを突き破っても生えてくるそうです。1000年以上の屋久杉は伐採禁止になっていますから、見事な天然林が残っています。

「百霊峰巡礼」で各地の山を歩いていても、それぞれの森のようすが違いますから「日本の森がどうなっているか」とは簡単に言えません。「いい森だなあ」と思うこともしばしばあります。人の手で管理されたきれいな森、立派な杉林を見ると、「あぁ、すごいなあ」と思いますし、それはそれで美しい森です。一方で、間伐されずに荒れている山、竹藪が多い山を見ることもよくあります。最近はこうした山がほとんどではないでしょうか。実に痛々しい姿ですが、全国的にそうした山が多くなっています。

自然の森の更新

原生林は、太陽の光がささないから暗い森です。三輪山もそうでしたが、枝と枝とがからまって樹木が鬱勃《うつぼつ》と茂り、地面には灌木や草がなく、苔が生えています。そういう森が、木が伐られることによって変わっていきます。伐採されると、まず勢いのいいササが茂ります。ササは年に2メートルの勢いで広がっていき、10年で20メートル、50年で100メートル、100年で200メートルほど広がるそうです。

一方、たとえば木曽の場合、ヒノキの種は3、4年に一度大豊作になり、1ヘクタールあたり数千万粒の実を落とします。ヒノキの種はソバの実よりも小さく、1キログラムで25万粒、1リットルで13万粒あると言われています。原生林の時には光が入ってこなかったからなかなか発芽できませんが、ササが茂っている時には、大量に降り落ちたヒノキの種はササの上にとどまり、やがて、地面に落ちて発芽できるようになります。発芽できる種の割合は10パーセント以下とされていますが、大量に降っているから芽がたくさん出ます。そこから、ヒノキにとっての生存競争が始まるわけです。ササが茂っているうちは、ヒノキの芽まで光が届かないので若い芽は枯れますし、天然の実生《みしょう》では1ヘクタールあたり数十万本の苗が出るはずですから、ひしめき合った状態で生存競争が始まり、弱いものから順番に枯死していく。そして、選びに選ばれた強い遺伝子を持ったものだけが残っていく。これが天然林の強さの秘密です。

江戸時代前期の木曽では、ヒノキが伐採されたあと、ササが森を覆いつくす前にヒノキの芽が大量に生えて森が再生しました。江戸時代はよい木だけ伐る抜き伐りでしたが、明治になってからは、ほとんどが皆伐です。全部を伐ってしまうから、太陽があたってササも勢いよく出てきますが、いまの木曽ヒノキは択伐になっていますから、江戸時代の抜き伐りと同じようになっています。

ヒノキの人工林は1ヘクタールあたり3000本から4000本の苗を植えていますが、天然林の生態本数は1ヘクタールあたり4000本程度だと言われています。こうした中で自然に育った天然の木だけが「木曽ヒノキ」と言われるわけです。そして、その「木曽ヒノキ」を使って、伊勢神宮をはじめとする日本の国宝級の建物が修理されたり、建てられたりしています。

伊勢神宮の遷宮を支える思想と森

伊勢神宮は20年に1度、すべての建物を完全に建て替える「式年遷宮《せんぐう》」のために、大変な量の木材を必要とします。古代には伊勢神宮の周辺の「神宮宮域林」から供給される御用材で間に合ったのですが、鎌倉時代中期にほとんど伐りつくし、現在では木曽谷の御杣山《みそま》（味噌間山）の「神宮備林」の木を使っています。

8000ヘクタールの神宮備林は、かつては伊勢神宮のためだけの御料林でしたが、現在は林野庁森林管理局の管理下におかれ、伊勢神宮だけでなくその他の国宝の修理のためにも使われるようになりました。遷宮の際にここの木を使うことが習慣化しているとはいえ、神宮備林とは名ばかりで、実際には伊勢神宮のためだけの森ではなくなっています。木曽ヒノキは樹齢300～400年で、匂いもよく、目のつまり具合も別格ですが、最近は良質の材が少なくなってきていると言われています。いつまで伊勢神宮に木を出せるかははっきりはわかりませんが、あと数回だと思われます。

伊勢神宮では、神宮備林に頼らずに御用材を供給するために、１９２５年（大正14年）から本格的に神宮宮域林でヒノキの植林を始めました。５４４２ヘクタールの宮域林の半分強は神域を守るための風致景観などのために管理され、遷宮のための用材生産には約２５００ヘクタールを使い、現在、ほぼ80年生くらいにまで成長しています。しかし、棟持柱《むねもちばしら》という一番大きな柱は直径70センチ、高さ11メートルもあるので、山で生えている時には直径１メートルは必要です。切棟の左右の端に用いる千木《ちぎ》の長さ13メートル、鳥居にも同じような木が必要なので、樹齢２００年にならなければ使えません。つまり、神宮宮域林の木が使えるようになるには、あと１２０年はかかるわけです。

神宮司庁営林部では、御用材としてもっと大量に必要になる胸高直径60センチほどの立木をできるだけ短い期間でとれるように、早い時期から１ヘクタールあたり大樹候補木を50本から70本選別し、幹に二重のペンキを塗って目印をつけています。これに次いで成長が期待できる木には一重のペンキをつけています。

自然の山には適地適木があって、10本から15本くらいしか選別できないところもありますが、どちらの場所でも二重、一重のペンキの木を合わせて、１ヘクタールあたり200本は確保しようとしています。1925年に植林した708ヘクタールでは、私が取材した数年前に二重ペンキが付けられていたのは2万4133本でした。

また、間伐が進むと森の中に太陽の光が入り、すき間に広葉樹が生えてきます。その時には不必要なものを選別することで、ヒノキと広葉樹の混交林ができ、バランスのとれた生態系ができるようにもしています。こうして、平均胸高直径60センチ、平均樹高33メートル、平均蓄積450立方メートルの200年生のヒノキを、1ヘクタールあたり100本程度育てるわけです。こうした作業をずっと続けていくことで、180年後には遷宮のための木がほぼ永遠にまかなえるという計算になっています。問題はそれまでの180年間をどうするかです。

20年ごとに建て替えるのはもったないという人もいますが、伊勢神宮の場合には資源を浪費しているのではありません。本殿に使われた古材はゆかりのある神社に払い下げられ、別の社の社殿や鳥居になったりと、リサイクルが進んでいて、ほとんど無駄にする木はありません。

なぜ20年ごとに遷宮をするのかという理由については、いくつかの説があります。

遷宮は奈良時代から始まっていますが、当時の人の寿命が38歳前後ですから、技術を伝承させていくために20年に一度全部を作り替えるというのは非常に合理的です。一生に一回は必ず遷宮にあたるわけですし、うまくいけば子どもの時と晩年になってからの2回あたることができます。また、あまりに使いすぎると古材として利用価値がなくなるという理由も考えられます。式年遷宮の根底には、「稲作をもとにした生命のよみがえりの思想」が込められています。清浄そのものへの徹底した信仰、手を洗ってから神に祈るというような祓《はら》いの思想を究極にまで推し進めたのが、式年遷宮なのです。

こうした伊勢神宮のあり方は、「一つの日本の文化の柱だ」と言っていいでしょう。

法隆寺を作った鬱蒼とした森の文化

伊勢神宮の遷宮が始まったのは、現在の法隆寺の再建とほぼ同じ時代です。伊勢神宮のあり方は「コピーをして20年で更新していく」やり方であり、法隆寺のやり方は「建物を建ててメンテナンスをしてもたせていく」やり方です。

研究者によれば、法隆寺に使われている木は、樹齢1200年くらいのヒノキだそうです。もしも1300年前に伐採されたとすると、実に2500年前に生きていた木ということになります。いまでも手斧《ちょうな》をかけると、ぷーんとヒノキの匂いがすると言います。

また、法隆寺で使われている木は「芯去《しんさ》り材」です。太い木、たとえば直径1メートルの木を乾燥させるのは大変に難しく、長く置いておけば乾燥するというものでもありません。また、均質に乾かさなければゆがみが出るため、法隆寺の柱は、木を四つに縦割りにして芯を抜いて削り、ゆがみやひびがでないようにした柱、芯去り材を使うわけです。こうした柱をとるには、直径2・5メートル以上の巨木が大量に必要になります。当時のありあまる森を利用して、木を使ったということでしょう。

1998年（平成10年）に奈良の平城京の朱雀門が復元されました。立派なヒノキが使われていますが、無数のひび割れが出ています。その原因は、簡単に言えば芯去り材ではないからです。芯去り材を使って建物を建てるということは、「とてつもない森林のうえに成立する建築法」だということです。伊勢神宮でもそんな方法はとっていません。法隆寺の文化は、森がまことに豊かであったうえに成立しているのです。

法隆寺の木をどこからもってきたのかはわかりませんが、材の端を彫って縄をかけて筏《いかだ》を組んで流してきたと考えられています。しかし、樹齢1200年もの太い木を運んでくるとすると、それほど遠くからは持ってこれないでしょうから、せいぜい吉野くらいからではないでしょうか。それだけでなく、可能な限り法隆寺の周囲の木を伐ったのではないでしょうか。当時の法隆寺のそばには、そういう木がとれるありあまる森があったのだと思います。

ヒノキは土を選ぶので巨木になるのはとても難しく、ある程度経つと枯れてしまうそうです。スギの巨木は「1000年スギ」などと言われて現在でも残っていますが、ヒノキが滅多にないのは、そういう理由があるからだと考えられます。ただし、スギは材として使っても、一説によれば700~800年しかもたないそうです。

法隆寺のヒノキは少なくとも1200年は経っています。メンテナンスをしなければもちませんが、毎日メンテナンスをし、1200年間も建ちつづけているわけです。

屋久島の森まではいかないまでも、当時の日本は樹齢1000年以上の木がいたるところに茂っていた鬱蒼《うっそう》とした森林国であり、それを伐って法隆寺や初期の伊勢神宮、出雲大社は造られたのだと私は思います。

木に対する日本人の感覚は独特です。仏像にしても、インドではほとんどは土と石で、金属が多少ある程度ですが、日本には、白檀《びゃくだん》などの香木がないこともあり、ヒノキやクスノキで仏像を彫りました。平安時代になって木で仏像を彫ったことで、爆発的にお寺ができ、仏像が増えていったわけですが、これは日本人の感覚です。

しかし、世界第2位のGNP（国民総生産）を誇る日本であっても、いまでは、法隆寺一つ作ることができません。伊勢神宮の遷宮には1回で超高層ビルが2つ建つほどのお金がかかると言われますが、もしお金があったとしても、法隆寺を建てられるような木がどこにもありません。日本は国土の70パーセント近くが森林という「緑の国」なのに、法隆寺の材さえなくなってしまいました。あったとしても、立派な木はご神木や天然記念物になっています。台湾とアラスカに少しだけあるようですが、アラスカでは日本による伐採が問題になっていますし、台湾も天然のヒノキは伐採禁止にしてしまいましたから、もう外国から貰うこともできません。

「古事の森」——木の文化を継いでいくために

私は毎年お正月に、法隆寺で1週間、お籠《こ》もりの行を行っていることもあって、古い建築には非常に親しんでいます。ある時、行をやりながら考えました。法隆寺の金堂は1300年前の建物です。昭和になってちょっと火災になりましたが、いままでとにかくもってきました。この建物は今後どうなるのだろうか。

法隆寺では、毎日のようにメンテナンスが行われています。100年に一度はちょっとした修理を行い、400年に一度は大修理をします。1934年（昭和9年）から85年（昭和60年）まで続いた「昭和の大修理」の前は、1696年に「元禄の大修理」が行われています。これからも400年に一度は、大修理をしていかないともたないでしょう。

新しく法隆寺を建てることはもう永遠にできません。古い木を活かして使っていくには補修しなければなりません。現在も古材をまわして使っていますが、それにしても全く新しい木を使わないわけにはいきません。補修材として、せめて直径1メートル以上の木が必要です。

大修理をするにも、日本にはもう木がありません。材がなければ、いくら技術があっても、お金があっても、維持していくことはできません。とてつもないお金を払ってかき集めればあるかもしれませんが、永続的、持続可能なかたちにしていかないといけないのではないか。いま木を植えれば、300年後、400年後には芯去り材を使った完全な柱は無理にしても、直径1メートルぐらいの大径木は取れるのではないか。こう考えて私が提唱し、林野庁と一緒に国有林で始めたのが、「古事の森」です。誰も見届けられませんが、植えないと始まらないからという気持ちで始めたのです。当初、私が思い描いていましたのは神社仏閣ですが、木造文化によってできている文化財総体の補修のためにも植えることにしました。

京都の鞍馬山・貴船山の森を第1号とし、奈良の若草山、和歌山県の高野山、茨城県・筑波山、木曽の神宮備林など。北海道・江差町には青森ヒバを植えました。植えた木が使える400年後には、江戸時代あるいは明治時代以降にできた社寺も文化財になるだろうと予想してのことです。松山では松山城や道後温泉本館のために。斑鳩の里・法隆寺の近くの山で植えた時には、「やっとここまで来たか」と思いひとしおでした。

２００８年は沖縄の国頭村で、首里城修復のためにチャーギ（イヌマキ）を植えました。沖縄にもかつては巨木があったはずですが、沖縄戦の影響もあり、いまはほとんどありません。首里城の再建の時に使った木はほとんどが台湾からの輸入です。せめて補修をする時には地元・琉球王国の木で、と思いました。10年目の２００９年には、平泉・中尊寺のために青森ヒバを植えました。

どこでも地元の子どもたちとボランティアの方達で協議会を作り、それを林野庁がサポートするというかたちになっています。地元に基本を作ることで、ずっと森林を維持していこうというシステムです。

森はわれわれの文化を支えてきました。森はたとえば、仏教や神道の思想の入れ物です。森を作っていかないと文化は滅び、そうした精神性も消えていくと思います。現実はいろいろ厳しいことがあるけれども、とにかく森を作らなければいけないと、「古事の森」の活動を続けています。

足尾の植林——ともかく木を植える

「古事の森」の取り組みは、文化財の修復のためによい材をとろうというものです。これに対して、私がもう一つ取り組んでいる足尾の植林は、破壊されてしまったはげ山を復活させようというものです。

私は栃木県の宇都宮で生まれましたが、母は栃木県の西の外れにある足尾の人です。親戚がいるので、子どもの頃は夏休みといえば足尾に行っていました。足尾は豊臣時代に開かれ、明治時代に銅山で栄えた町ですが、精錬所から出る煙が山の木々を枯らせてしまいました。精錬所で燃料として使う木炭を作るために、山の木々を伐採したこと、坑道を掘っていく時に落盤しないよう坑道の支柱のためにたくさん木を伐ったことも、はげ山になった大きな理由です。私の子どもの頃に足尾はすでにはげ山でしたが、15年くらい前に十数人の友だちと一緒に植林を始めました。

その後、「足尾に緑を育てる会」を作り、いまでは毎年1500人以上の人が木を植えてくれています。神山英昭会長が、「100万本の木を植える」と言ってから2010年で15年になりますが、まだ5万4000本くらいですから、象の広い背中に小さい絆創膏を一枚貼ったくらいです。100万本になるには200年くらいはかかりそうです。

私が「古事の森」を思いついたのは、伝統的な日本文化は、たとえば法隆寺が壊れたときに滅ぶとも言えます。そうならないため、せめて再生できる森を意識して残しておくことが必要だと思ったからです。足尾では「ともかく緑にしよう」と考えています。大きなことを言わずに「ともかく植えましょう」というのが一番確実だ、自分ができることをやろうと思って取り組んでいます。

生活では利便性や安さを求めている人びとが、一方では心の癒しや観光を求め、たとえば、法隆寺に行ったりしています。決して古いものを求めていないわけではない、ということもまた事実です。私は、大切なものを残していく力は残しておきたい、と思っています。

「森林デフレ」から脱却するために

日本各地を旅していて思うのは、どこの町も同じになったということです。安いものがよいという価値観が強いために、工場で大量生産された商品を売る店ばかりになってしまったからです。大量に海外から輸入する全国チェーンは安いからと、服も仏壇も居酒屋も、どこかで聞いたことのある店ばかりが日本中に並んでいます。建物さえも工場で生産されるようになっています。木の方が耐用年数が長いにもかかわらず、阪神淡路大震災のようなことがあると、建て直すときにはコンクリートの鉄筋住宅になってしまうこともあります。

安さに慣れてしまうと、それが唯一の価値になって、建築家や工務店が国産材を使ってよい建物を作ろうと必死でがんばっても、なかなか受け入れられません。私たちの生活様式が変わってしまったため、木の家や木の道具のようにメンテナンスが必要になるものは避けられ、利便で簡易なものばかりが求められるようになってきています。また、現代の日本人はあまりに忙しく、自分の手で時間をかけて家をメンテナンスするような生活ができなくなっています。すべてが連関しているために、単に生活の場における木材のことを考えているだけでは、簡単に解決できない問題になってしまいました。林業は、たとえば一本のスギが伐採できるようになるために、60年かかる世界です。即効性はありません。

森林は、「デフレスパイラル」に入っているような気がします。「森林デフレ」で根本的に衰退してしまったのが林業です。木の販売価格が下がったことで、それに従事する人がいなくなり、現場が荒れていく。ついには、生産現場そのものがなくなって消えてしまう。森は残りますが、間伐ができないから「田園まさに荒れなんとす」という感じで、元気がいいのは竹藪だけです。価格が安ければいいと追求し、「外国産の方がよい」ということになった結果、日本で木が生産できなくなってしまいました。デフレとはどういうことかということは、森を見て、林業を見ればわかります。

千葉県の東大演習林でも、間伐するために地元の森林組合に外注したところ、架線を引くのがちょっと難しい場所では経済的に合わないからと、外注したくても受けてくれないそうです。自分たちの労働力でできるところはやっても、山の奥では間伐もできないし、伐採もできないと言っていました。それは、木材価格が安いからです。

ある人は、秋田杉の森を相続したけれど、その森に行く道がないと言っていました。林道をつけて伐採したらいくらかかるかわからない。持っていてもどうにもならないそうです。

林業で人が働けるようにするには、技術以前に「森のデフレ」を止めることだと思います。それには、林業を成り立たせる全体の仕組みが必要だと思います。たとえば、森の所有者が「伐る」と言ったら、誰かがそれを請け負ってお金をもらえるような仕組み、それでもあまった分は所有者に払えるような仕組みがあればいいのですが、そういう社会システムがほぼなくなっているから、森を守ることがとても難しくなっているのだと思います。

千葉の山を歩いている時に、木を伐採した後の切り株から新しい芽（萌芽《ほうが》）が出て、大きくなっている木、たとえばナラやクルミでそうした木が多いところは、炭焼きや薪取りのために木を伐り、また再生してきた森だと教えてもらいました。萌《ほう》芽枝《がし》が多いところは炭焼竈が近くにあるそうです。房総の山はそうした「生活の近くにある山」で、いまでも炭焼きがなされているそうです。炭焼きも林業の一つでしょう。とにかく森を使うことが大事なのだと思います。

　大分県の竹田市には、雑木林と言われる里山に、とてもきれいな林を見ました。なぜかというと、竹田市はシイタケの大産地なので、シイタケの菌を付けたほだ木を置くために、その林をきれいに整えていたのです。ほだ木を採るためには森の整備も必要ですから、結果としては広葉樹の森もどちらもきれいになっていました。

　このように産業と結びつけていかないと、ただ森をきれいにしようとしても無理でしょうし、いくら国土を守ると言っても、産業としてまわっていくような仕組みがなければできるものではありません。人が使っていく山、人と接触していく山が大切であり、そうした山が、やはり私たち日本人の〝美意識〟にかなうのだと思います。

（二〇〇九年十二月九日収録。原稿校正後二〇一〇年二月八日、永眠）

第3章

僕が日本からもらったもの、日本で僕ができること

C・W・ニコル
（作家）

出会いは空手

僕が子どもの時、英国・南ウェールズの森の面積は5パーセントでした。いい森も少しはありましたが、それは全て王様の狩り場でしたから、民衆のための森はほとんどありませんでした。

僕の先祖は360年前にブナ林を植えました。南ウェールズは結構雨が降るので、山が裸になると鉄砲水が起こり、下流の人たちはかなりの被害を受けたからです。川の流れを緩めるために、石で滝とプールを作り、美しい水の流れを作りました。そして、川のまわりにブナ林を作りました。僕は子どもの時に、これが世界一のブナ林だと信じていました。大水を止めるには人間が作る物よりも森が大事だという知識は、360年前の英国にもあったのです。

22歳の時に、初めて日本に来ました。目的はすごく単純で、空手をやるためです。僕は14歳から英国で柔道をやっていました。空手もやりたかったけれど、英国には空手の有段者は一人もいません。それで日本に来たのです。ちなみに、ウェールズ地方で最初の空手の黒帯は僕です。

初めて日本に来た時に、僕が知っていた日本語はひどく偏っていました。「一本」「技あり」「出足払い」、そんな柔道の言葉しか知りませんでした。当時は、日本が森の国だという意識は全くありません。ただ、英国の倍近い人々が住む、勇敢な民族の国だという意識は持っていました。

日本に来る前の17～22歳の間、僕は北極に行っていました。氷点下の世界にいましたから、東京の夏は本当に辛くて仕方がありません。そんな時、空手の先輩たちが、「涼しいところに連れて行ってあげるから」と、僕を山に連れて行ってくれました。6月のことです。上野駅から先輩達と一緒の列車に乗り、1回か2回乗り換えて――ずっと酒を飲んでいたから憶えていませんが、どこかの駅に降りました。「おまえは一番飲んべえだから、みんなの酒をおまえが運べ」と言われて、僕は先輩たちのリュックサックよりもずっと重いリュックサックを背負って歩き出しました。汗がポトポト、ポトポト流れて暑い。日本の太陽は英国の太陽より熱いんじゃないかと思いました。ひどく苦しくなりました。やがて山道になり、日本の山はウエールズの山よりもキツイと思っていました。いくら登っても涼しくならないので

「何が涼しいところだよ」と思いながら歩いていました。

ところが、1000メートルをちょっと越えたあたりで別世界に入りました。生まれてから見たことのないブナの原生林があって、本当に涼しくなりました。僕は、身体中に鳥肌が立って、流れた涙が止まらなくなりました。

先輩たちは、僕の具合が悪いんじゃないかと心配しましたが、僕はなぜ涙を流しているか説明できませんでした。

僕は、とても複雑な気持ちになっていました。僕は、僕の先祖がウェールズに植えたブナ林を世界一だと思っていました。でも、このブナ林、名前も知らないブナ林は、もっともっと美しくて、別世界だったのです。どんな大聖堂よりも美しい。あちこちから笑っている水の音が聞こえる。その水が冷たくておいしい。小鳥がいっぱいいて、タカもいる。花もいっぱい咲いていた。若葉から通る木漏れ日が本当に美しかった……。

「日本が一番好きだ」

僕は泣いたのは、ひとつには、悔しかったからです。こんないいブナ林があるのか。わがケルト人は自らを〝森の民族〟と言っていたのに、なぜ森を残してくれなかったのか。「なぜ、もっと戦って、森を残してくれなかったのか！」それが悔しかったのです。

もうひとつは、うれしかったのです。僕がこの美しいところに入れた。ほかのウェールズ人が入ってない。この天国――エデンの園のようなところを見たことないだろう。本当に日本に「ありがとう」という気持ちでした。僕を案内してくれた先輩たちにも、感謝でいっぱいだったんです。

その時から、僕は、「日本を愛してしまった」のです。

日本の文化はどうしてこんなに美しい森を残せたのか。どんな川にもヤマメのような美しい魚がいる。誰でもマスやイワナのような魚を釣ることができる。田舎に行けば、金持ちでなくても貴族でなくても狩りができる。そして美味しいものがいっぱいある。この文化を理解したくなりました。

その後、僕は、何度も北極に行きました。エチオピアで国立公園の公園長を務めたこともあります。世界中の森の破壊も見ました。そして何度も、空手を学ぶため、日本人に会うため、美味しいお酒と焼き鳥とお寿司を食べるために、日本に帰ってきました。40歳になった時、「この国が一番好きだ」と思いました。冬山もずいぶん歩きました。そして、日本の冬山はすごいなと思いました。

僕が「日本が一番好きだ」と言うと、日本人は不思議に思うようですが、日本のように美しい国はほかにはありません。北には流氷があり、南には珊瑚礁がある。海岸線を測ったら、アラスカを入れなければアメリカよりも長い。言論の自由がある。宗教の自由だけではなくて、宗教からの自由もある――これも僕にとって、すごく大きなことです。それから、僕は格闘技が好きです。エチオピアでは、人の血も、自分の血も、森を守るために流してきました。しかし、僕はみなさんと同じように戦争を憎んでいます。僕が生まれた国は、今でも戦場に若者を送っています。でも日本は、あの戦争が終わってからずっと平和を守っています。僕はケルト人です。ケルトの国はゲルマン人に支配されましたが、アイルランドだけは残りましたが、そのアイルランドも分裂していて、いつまたテロ行為が起こるかわからない状態です。僕の故郷であるウェールズはアングロサクソンに支配されています。僕はアングロサクソンでも、外国人でもなく、いまはケルト系日本人です。本当に日本が好きだから、日本国籍をとって日本人になったのです。

“神々の国”の裏切り

僕はいま、長野県の黒姫に住んで、猟友会のメンバーにもなっています。猟友会に入ったのは、たまに美味しいウサギやキジをいただきたいこと、12歳の時から狩りをやっているということもありますが、それよりも、山を知るため、森を知るためには、鉄砲を持っている猟師と一緒に山に行った方がいいと思ったからです。

山好きな日本人は、だいたいすごくせっかちです。山頂までハアハアと登り、缶ビールを飲んで、写真を撮り、ヤッホーヤッホーと言うと、もう帰りはじめます。そういう登山にいやというほど付き合ったので、山登りで山のことをよく知る機会がないことは、知っています。

29年前の大雪の後、猟友会の仲間と一緒に、霊仙寺山《れいせんじ》と飯縄山《いいつな》に登りました。4メートルくらいの雪は固まっていたので、かんじきを履かなくても歩けました。この沢を降りてみようか、ここにクマの穴があるはずだと、そんなふうに話しながら歩いていると、わずか数時間の間に、生きているクマを4頭見ました。それは、英国で生まれた僕にとってものすごい経験でした。英国では970年も前にクマは絶滅してしまいました。イングランド西部のディーンの森で殺された野生のクマが最後の一頭でした。

その熊をわずか数時間のうちに4頭も見たんです。雪の上には7頭のクマの足跡がありました。クマがいるということは、クマが棲める森があるということです。100種類くらいの木があり、素晴らしく大きな木もあります。ウサギ、テン、イタチ、山鳥……たくさんの生き物の足跡がいっぱいありました。

それなのに、斜面に立って見下ろすと近代的な町・信濃町が見えました。列車が走り、車が走っている。眼前には近代的な世界があり、僕はクマの世界にいる。この国は〝神々の国〟だと思いました。

僕はうれしくて、日記にこう書きました。「僕は日本に住んでよかった。ほかの外国人の誰よりも、僕には特別なものが書ける」。

翌年、同じ場所に一人で登りました。クマを撃つためではなく、写真が撮りたかったからです。クマの穴がある場所は憶えていました。でも、歩いているうちにがっかりしました。あれほど立派だった原生林が伐られ、丸坊主にされていたのです。猟友会の仲間のところに行って文句を言うと、仲間は「そうなんだよ。あっちの沢でも木を伐っている。あっちの山でも伐っているから、クマはエサがなくなって里に下りてくるだろうな」と答えました。

その次の年、信濃町だけ13頭のクマが罠《わな》にかかって射殺されました。丸坊主にされた森からは鉄砲水が出て、大きな被害が起こりました。

僕はがっかりしました。みんなに下手な日本語でグチを言っていたら、テレビにでるようになりました。そして、日本各地から「ここを見に来てください」と言われて、屋久島、西表島、北海道……行ってみると、どこでも原生林が伐採されていました。なぜ伐ったのか、言い訳はたくさん聞きました。僕はしゃべり続けていると、だんだん有名になりました。でも、川の破壊も森の破壊も続けられ、止めることはできませんでした。

僕はだんだん憂鬱になってお酒をいっぱい飲み、散弾銃を引っ張り出して自殺しようと思いました。日本がダメになると、アジアは助からない。アジアがダメになると世界もダメになる。僕は、「この国は自然における世界のリーダーだ」と信じこんでいたのです。

環境庁が弱虫でレンジャーが足りない、道路やダム建設が止まらない……いろいろな欠点はあるけれども、「日本人の心の中には自然がある」と本当に信じていたので、憂鬱になって、日本を出ようかなと思うようになりました。

緑が甦っていた、南ウェールズ

そんな時、南ウェールズから一通の手紙が届きました。そこには、「ウェールズの山で育てるには、どんな日本の木がいいでしょうか。ウェールズに小さな日本の森を作りたい」と書かれていました。僕は最初、なんのことか理解できませんでした。でも、少しずつ事情がわかってきました。

南ウェールズの石炭産業が国に潰されて石油に切り替えたことで、失業者が非常にたくさん出て困っていました。その一番苦しい時に南ウェールズを助けてくれたのが、日本の企業でした。いくつもの大企業が南ウェールズに工場を作り、多い時には1万人くらいの日本人が南ウェールズに住んでいたのだそうです。ウェールズの人口は200万人くらいですから、かなり目立ったはずです。ウェールズの人々は自分たちの苦境を救ってくれた日本に感謝をしていました。そして、ウェールズに住む寂しい日本人のために、日本の木々を植えて森を作ろうと考えたのです。

ケルト人にとって、森は癒しの場所です。本当に寂しい時に森に行くと、心が治ると信じていました。だから、故郷の日本から遠く離れている日本人も、自分の国の木々が茂っている森に行ったら寂しくなくなるのではないか、と考えたのです。

僕は長い間、ウェールズに帰っていませんでしたが、植林に向いた樹種を伝えるため、久しぶりに帰ってみました。僕が育った谷間に着くなり、目を疑いました。石炭の採掘で丸裸だった谷間が緑になっていました。ボタ山の上でも緑が回復し、川も生き返っていました。死んでいた川にサケが上がり、カワウソまでも戻っていました。涙が止まりませんでした。

日本に帰ってきて、僕はどうしたらいいのかと考えました。そして、「小さくてもいいから、自分で小さな森を作り直そう」と決めました。わざわざボタ山の上に作らなくても、日本には放置された土地がたくさんあります。たくさんの里山が放置されて藪になっています。植えっぱなしで貧弱なスギやカラマツの林も、いっぱいあります。畑を作ろうとして失敗した土地もあります。

そういう土地を僕は、テレビに出たり、本を書いたりして得たお金で買い始めました。1986年のことです。そして、松木さんという世界一頑固な、ずっと森で仕事をしてきた人を雇いました。日本の森は美しいけれども、英国風に手入れをしたら、木と植物の種類が多いからうまくいかないことはわかっていました。松木さんは15歳で学校を辞めてから、炭焼きをやっていました。彼は、どんな木のことも知っていました。さらに、その木は何に使うのかということも知っていました。森の中に落ちている小さな枝を見ただけで、その枝がいつ落ちたのか、どうして落ちたのか、そういうことがわかる人でした。松木さんはちょうど前の仕事をやめていた頃で、僕の森に来なければ、土木作業をするしかありません。僕にとってもとてもいいチャンスだったわけです。2002年には「アファンの森財団」を作り、すべての土地を寄付しました。

森は回復できる

僕たちが手入れを始めた小さな小さな森は、少しずつ広がり、いま約30ヘクタール、東京ドーム6個分よりも少し広くなりました。この小さな森に、絶滅危惧種22種類が戻ってきました。キツネ、テン、クマ、アナグマもよく来ます。クマのウンチにはトウモロコシが入っていません。畑を荒らさなくても、森の恵みだけで過ごせているわけです。

初めの頃は7種類だった山菜は、去年の調査で137種類、キノコも400種類以上になりました。山菜、キノコ、ハチミツ、ナメコ、炭、なんでもとれます。

最初は病気の木が多く、貧弱でしたが、僕と松木さんはずいぶん調べて手入れをしました。ブナやトチの実った跡があったのになくなっていたので、そうした木も植えました。

僕の首くらいの太さだった貧弱なスギが、16年経ったら、僕のお腹周りより大きくなりました。それに比べて、世話をしていない隣の国有林の同年齢の木は細いままでです。光が森の中に斑《まだら》に入るようになると、花もたくさん咲きます。花が咲くと昆虫が来て、昆虫が来ると鳥が来る。鳥が来ると種をまた落としてくれる。いろいろな生物が、「僕も〝森づくり〟に参加するよ！」と言っているような感じがします。

大木が少なかったので巣箱をいっぱい置いていましたが、去年から、大きくなった木のうろで、ようやくフクロウが巣を作れるようになりました。そして、フクロウが移動した後の巣箱には、ムササビが入りました。そのうちにもっと木が大きくなったら、巣箱は必要なくなるでしょう。

森は、〝水の母〟でもあります。そこで、戦争中に鉄を掘っていたために流れがおかしくなっていた川を作り直して、480メートルの川にしました。池も作りました。3年でその川に22種類のヤゴ（トンボの幼虫）が来ました。4種類のカエル、サンショウウオもいます。水が大好きな生き物が増えました。

この森は、学生たちのフィールドワークの場所にも、虐待を受けた子どもたちの癒しの場所にも、目が不自由な子どもたちの癒しの場所にもなっています。クマがいても大丈夫です。センターも作りましたが、そこで使っている家具は、僕たちの森から伐りだした木で作りました。山菜も採れる。美味しい水も流れている。キノコもある。炭も作る。癒しの場所にもなった。森は、ただの材木ではありません。当たり前のことですけれども、「森は生きて」います。森のまわりも生きているし、上の方も足元も生きている。無数の生物が一生懸命に生きています。森のなかには醜いものは何一つありません。生きている森は、本当に人の心を癒します。

僕たちは、100年先、200年先に誰かが歩いたら、「これは原生林だな」と思ってもらえるような、生物の多様性が豊かな森を作りたいと考えています。それとともに、どれくらいの恵みを森からいただけるかについても、記録していきたいと思います。

2008年10月30日。イギリスのチャールズ皇太子が来日された時に、わずか3日の滞在期間の中で、わざわざ僕たちの森に来てくれました。その時一気に120人もの人が森に入ったので、しばらく動物は来ないだろうと思いましたが、2日後には大きなクマのウンチがあちこちに落ちていました。

僕たちの小さな森が、こんなにも注目されるようになりました。僕ができたことが、日本のみんなにできないわけがありません。みんなで森を再生して、みんなでそれぞれの森を自慢しあいましょう。「ウチの森のほうがずっといいよ」と。

森の手入れにはいろいろな方法がありますから、ニコル・松木方式でどこでもやれとは言いません。ただ、「森は回復できる」ということは知ってほしいと思います。

森には〝汗〟が必要です。〝知恵〟も必要です。もうひとつ一番大きなもの、森には〝愛〟が必要です。森に愛をあげたら、もっとたくさんの愛を返してくれる。僕は今年で70歳になりますが、そのことをますます感じています。

第2部

林業再生への たしかな 道筋を

第４章

現場から見た山の現状と再生への道筋

湯浅　勲
（日吉町森林組合参事）

荒廃しつづける森

日本の森林は２５１２万ヘクタールで、日本の国土の67パーセントを占めています。そのうち人工林は41パーセントの１０３６万ヘクタール。人工林の齢級構成を「林業白書」で見ると、１～５年生の林は齢級構成が著しく偏っており、もっとも多い41～45年生林のほぼ20分の１しかありません。（次頁グラフ）

大きい木を育てるには、21～25年生から60年生くらいまでの間は間伐、つまり間引きをしないと森はどんどん荒れていきます。ところが、平成15年（２００３年）に間伐をした量は31万２０００ヘクタール、平成16年は27万７０００ヘクタール、平成17年が28万４０００ヘクタールと、いずれも30万ヘクタール程度の間伐しかされていません。これは、本来やらなくてはならない間伐面積の３分の１から４分の１に過ぎません。７～８年に１回の割合で間伐をするとしても、少なくとも年間１００万ヘクタールはやらないとならないのです。

しかも、この間伐実施面積の中には５年に１回くらいの間伐をしている森も含ま

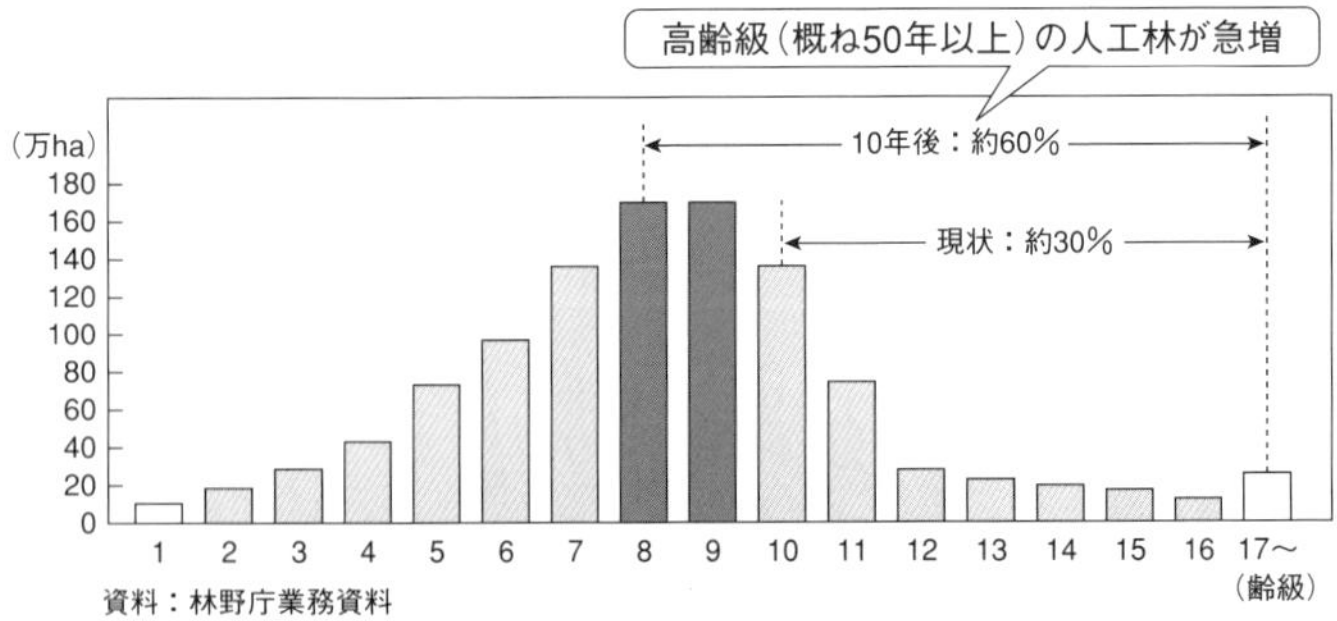

資料：林野庁業務資料
注：1）森林法第５条及び第７条の２に基づく森林計画の対象面積。
：2）現状は平成17年３月31日現在であり、一部推計を含む。

日本の森林の齢級別面積

れていますから、実際に手が入っている森の面積は、さらに少ないはずです。おそらく、4分の3から5分の4くらいの人工林は、管理されていないでしょう。管理されていないと人工林はどうなるか、次頁写真を見てください。こうした状態と間伐の行われた40〜45年生の林との違いは、遠くから山を見てもわからず、森の中に入って始めてわかることです。

写真では木は根が浮いています。もともとは土におおわれていたのに、表土が流れてしまい、浮き出てしまいました。おそらく10センチメートルほどの厚さの表土が流れていると思われます。10センチメートル程度ではたいしたことはないと思うかもしれませんが、1ヘクタール（100メートル×100メートル）の表土10センチメートルが流れると1000立方メートルになります。たった1ヘクタールでも大型ダンプカーで100〜150台くらいの量の土が流れるのです。表土が流れたのは、林床に光が届かず下草が消えてしまったからです。

表土が流出したことで下流が埋まり、湿地状態になっている森もあります。すると、根腐れをおこして枯れる木もでていますから、そのまま放置すると、台風がくると簡単に倒木します。

間伐されずに放置された人工林

木は、光が当たらなければ枯れてしまうので、光の当たらない枝を落とし、他の木に負けないように上へ上へと伸びていきます。そうすると太くもなりませんし、しっかりした根を張ることもないので、台風などの大きな風が吹くと一気に倒れます。

やがて、木がなくなって草が生え出します。こうしたところには天然林は生えてきません。なぜかというと、夏場には背の高さくらいのシダが歩けないほど鬱蒼《うっそう》と生えます。このシダの間をぬって生えてくる木はそう多くはありません。近くに広葉樹の林があればいずれは生えてくるでしょうが、それが何十年後、何百年後になるのかはわかりません。こうした山が増えてきています。

もうひとつ、竹の問題もあります。新幹線で西から東京に向かうときに、静岡駅あたりで山側を見ると、3分の1くらい竹林になっています。高知県でも島根県でもそうなっています。標高があまり高くないスギの適地に、竹が非常な勢いで増えています。このまま放っておくと、毎年1・5倍くらいの勢いで拡大していきますから、数年後には手のつけようがなくなるでしょう。

高度成長と林業の衰退

どうしてこのようなことになってしまったのでしょうか。

日本の農林業従事者は1953年には就業者の38パーセントでしたが、1972年には12パーセントになり、2002年に4パーセントにまで減っています。この間に34パーセントの人が農林業を辞めたわけです。辞めた人たちの多くは、おそらく集団就職などで都会へと出ていったのだと思われます。国民の3分の1が地方から都会へ出ていった。そのため、都市周辺では住宅が足りなくなり、次々に家が建てられました。日本では新築の年間着工数は長らく約150万戸が続いていました。こうした旺盛な木材需要によって材価は異常に高騰し、日本の人工林のほとんどが伐られました。林業にとって「超バブル状態」だったと言っていいでしょう。

伐る木がなくなると外材が入ってきました。その一方で、山にはスギ、ヒノキ、カラマツなどの建築用材に適した木が植えられ、それが成長するまでの「保育の時代」に入ったわけです。しかも伐ったところだけではなく、広葉樹を伐採してその跡にもスギなどを植えてしまったため、保育の面積はとてつもなく広い範囲になりました。

木は、農業のように、毎年、秋になったら収穫できるというものではありません。使えるようになるまでに40年くらいはかかります。この間は保育をしているだけで、お金を生みません。こうしたことから林業は採算がとれなくなり、山から若い人がどんどん外に出ていき、高齢化が始まって、「もう林業はダメだ」という考え方が支配的になってきたのです。

私は、1987年に森林組合に入りましたが、当時、「やがて、国産材時代が来る」、「やがて来る国産材時代に備えて……」といったことが言われていました。「やがて来る国産材時代」とは、国産材の価格が下がっても林業ができるような改革をするのではなく、「かつて非常に高騰した時代の材価に戻る」ということが、暗黙の了解になっていました。

しかし、木材価格がだんだん下がって国際標準価格になってきているのに、人件費は上がる一方ですから、産業構造自体を変えなければ、林業が成立しなくなるのは当たり前でした。ついに、「林業は儲からない」、「もう業ではない」と言われるところまで来てしまったというわけです。

ヨーロッパの林業を支える機械

私は2007年にドイツへ、研究者や学者、ジャーナリストなどの人たちとともに行き、2週間にわたって林業や木材業の現状を視察しました。ドイツではトウヒ50パーセント、モミ30パーセント、ブナ20パーセントの森を目指し、林業とともに環境も守っていこうとしていました。

森の中には作業道・林道が整備され、機械を入れてローコストで木が伐られていました。森は見事に管理されています。

いま、日本で使われている木材の8割は外材で、アメリカ、カナダ、ニュージーランド、オーストリアといった林業先進国からの輸入です。ドイツからも入ってきています。

輸入元の国々の林業者は——為替レートにもよりますが、日本の林業従事者よりも高い賃金で働いています。それなのに、地球の裏側まで運んできてもコストが合っているのです。「安い輸入材が入ってきたから日本の林業はダメになった」と言うだけで、何もしなかったのは、誰が考えてもおかしいと思います。

そして、日本とヨーロッパの林業機械（次頁写真）を比べてみると、なぜヨーロッパでは林業が成り立っているのか、その理由の一端がわかります。日本にも高性能機械と称する林業機械がありますが、建設機械をベースとして林業用のアタッチメントを付けただけのものです。たとえば、ハーベスタという機械は、もとは土を掘ったり、土砂をトラックに積み込んだりするバックホウという機械の先端に、ハーベスタという機械を付けただけのものです。足回りがキャタピラなので、旋回すると山が掘れてしまいます。それに比べ、ヨーロッパのハーベスタはタイヤですから移動のスピードも速く、山も傷めません。

伐った木を積んで運ぶフォワーダという機械でも、生産性がまったく違います。日本製は土砂を積載して運ぶ機械をそのまま利用していますから、ヨーロッパ製の半分くらいしか積めません。800万円もしますが積載量は2立方メートルくらいで、4メートルの材を少し多めに積むと後方へ傾いてしまいます。

これを買って初めて作業する日に現場へ行ったら、運転をしていた職員が「傾い

日本（上）とヨーロッパ（下）の林業機械の違い

て危ない」と言いだしたので初めてわかりました。このように、日本では「安全」について全く考えていないとしか思えないような機械を売っているわけです。

スピードも時速10キロメートルくらいで、ヨーロッパ製の3分の1くらい。回るときには滑り旋回しかできないため、カーブでも路面が掘れてしまいますから、あとで必ず道の補修をしなければなりません。

土木用に設計された機械を目的外使用しているのですから、能率が悪くて当たり前なのですが、こうした機械を使っている人たち、すなわちほとんどの森林組合は、まったく疑問を持っていません。

また、ヨーロッパには、木を掴んで伐り、枝払い、玉伐り、運搬まで　台の機械でできるコンビマシンという機械まであるのに、日本のほとんどの現場では、木を伐るチェンソー、グラップルなどの掴む機械、さらに掴んだ木を一か所にそろえる機械というふうに何台も買い、みなさん何の疑問もなしに使っています。

私がもっとも合理的な仕事の方法として考えているのは、木を大きくした山に機械を入れ、場所によっては林内走行をし、作業道を作らなくても山から木を伐り出すことです。こうしたことが実際にヨーロッパでは行われています。いまの日本の林業機械ではできませんが、今後、ヨーロッパと同じような機械が作られれば、場所によっては可能になります。

　ところで、ヨーロッパの機械がいいのなら輸入すればよさそうですが、日本の道路交通法と向こうのそれが違うため、運ぶのが難儀なのです。日本では車両の高さに3・8メートルという制限があって、トラックに積み込んだときに3・8メートルにおさまらなければ、ヨーロッパから船で持ってきても、トラックでは運べません。低床トレーラーのような専門の運搬車両もありますが、高価なので実際には使えません。やはり日本のトラックに載せられるような機械にしなければ使いにくいのです。

　日本でも高性能林業機械を作ろうとメーカーにも声をかけていますが、いまのところ実際の動きにはつながっていません。ヨーロッパで日本仕様の機械を開発してもらうか、国内で開発するか、技術提携をするか、いずれにしても専用の機械は必要不可欠です。

場所に適した作業道を

作業道も、ヨーロッパとは考え方が違うというか、日本はまだきちんと整理されてない段階です。それゆえ、とても「作業道」とは呼べないようなひどい道をつけている例もあります。先日訪ねた山では、作業道を開設するための伐開幅を必要以上に広くとっていました。伐開幅を広げ過ぎてしまうと、台風が来た時などに風の通り道になって山が荒れますし、強い光が当たるので草が生え、5年もすると灌木が生えて通れなくなってしまいます。また、人の肩くらいまでの高さなら斜面をカットしても大丈夫ですが、それ以上になると傾斜をつけないと崩れます。

35度以上の斜面に道をつける場合は何らかの工夫が必要になり、45度を超えると、作業道はつけない方が無難です。こうしたところの人工林はきちんと間伐をして日光をあて、まわりから自然に芽吹くのを待って針葉混交林にしていき、環境林として山を保全する方向に換えていくなどの検討をする方が良いと思います。

日吉町森林組合が取り組む「森林施業プラン」

こうした状況の中で、私たち日吉町森林組合が何をやっているかを説明します。

日本の森林所有者には、大規模所有者はほとんどいません。多くの所有者はサラリーマンで、25パーセントは「不在村者」です。そういう人たちは森林に対する知識もあまりなく、森林は管理しなくても「放っておけばなんとかなるだろう」と思っている人たちが大半です。

また、いまでは林業を生業にしている人はほとんどいません。年配の人の中には山の木を売って生活している人がいないことはありませんが、そういう人でも自分で森林を管理しているかというとそうではありません。ときどき、「所有規模別に区分けをして大規模所有者に森林をきちんと管理させる」というような提案する人がおられますが、日吉町の現実から見ると、所有者による管理はかなり難しいでしょう。

現実の中では、所有者の代わりに誰かが管理しなければなりません。そこで、私たちの森林組合では「提案型集約化施業」を行ってきました。管理されていない森を専門家が確認し、それぞれの現場に合った目標とする林形と、将来に向けてどうすべきかをきちんと見定め、「きちんとした形で道をつけて整備すれば、将来、収益が上がりますよ」「環境が守れますよ」といった施業の方法を所有者に提案し、所有者が納得してくれればある区画に一括して道を作り、木を伐り出す仕組みづくりです。一度しっかりした道をつければ、その時はお金がかかっても、次の間伐からはいくらかのお金が返せるようになります。

日本中どの森にも境があって番地がついていて、それぞれ所有者がいますから、勝手に他人の森に入って伐ることはできません。また、大規模所有者でも、大きな面積の森が一か所にあるのではなく、小さな森を虫食い状態で所有しているため、それらを取りまとめて作業道を通し、効率的な作業ができるようにすることが大切です。そこで、私たちは「森林施業プラン」を作り、所有者に提示しているのです。

具体的には、それぞれの所有者のために山の見取り図を用意し、あなたの森がどこにあるかを地図で示したうえで、専門家が必要だと判断した作業道を線で引きます。また、森林の現状、どれくらい間伐をしなければいけないか、木の本数、何立方メートルの木があるか、どれだけ間伐するか、それにかかる費用、山から伐りだしてくる費用、作業道をつける費用などを合計するといくらかかり、木材がいくらくらいで売れそうで、いくらくらい儲かりそうか。つまり、「手入れをするとどのくらいの木が出てきて、木材の売り上げがどれだけあり、差し引きいくらお金が戻るのか」といったことを詳細に記して、所有者全員に提示します。これが「森林施業プラン」です。

道づくりから間伐、森の管理まで

みなさんから、そのプランの通りに作業をしていいという承諾が得られたら、50ヘクタールくらいの面積をまとめて作業できるようになります。つまり、その一帯の森の所有者みなさんが協力して面的に森林を整備していこうということを、一人ひとりに提案しているわけです。

作業道がなければ山から材が出せませんので、初回の集約化時には作業道の開設費用がかかります。そして、道が完成すると次の間伐からは収益が生まれてきます。

私の森林組合では、このようにして小さな森を少しずつ取りまとめて、順番に間伐材を搬出して売り、所有者負担のない間伐をしてきました。

作業道はハーベスタや運搬車が通れるように3メートル幅にして、道をつけたらその側はハーベスタで間伐します。そしてハーベスタの届かないところはチェンソーで伐ります。伐るのは、被圧木や曲がった木、虫の入った木などが中心です。チェンソーによる伐倒が済んだらもう一度機械を入れ、「玉切り」といって4メートルに切りそろえます。続いて4メートルにした材を運搬車に乗せて山から出し、土場まで下りてきたら材の仕分けを行います。同じスギの木でも、太いものは製材工程に行き、少し細い材、芯の黒い材などは合板にします。さらに細い材はチップ材になります。

間伐から5年ないし7年経って成長し、再び間伐が必要になればまた間伐をするというように、何回も繰り返して大径木にしていくわけです。

このようにして、作業が終わったら一人ひとりの所有者に費用と売り上げを報告し、売り上げ伝票も付けてお金と一緒に渡します。私たちは、こうした形で、ほぼ10年で町内を一巡するような計画で森を管理、維持しているわけです。

造材作業

作業道開設作業

間伐材の搬出作業

間伐作業

施業完了後の森林

以上説明したように、適正な施業のためにかかる費用を見積もって荒廃林を面的に整備する方法を「提案型集約化施業」と言います。大半の所有者が森林に対する興味を失い、施業も知らない中では、こうした具体的な提案をしない限り、森は荒れる一方です。

なお、2005（平成17）年に私たちが管理している9500ヘクタールの森に「森林認証」をいただきましたことを、付け加えておきます。

森のためにやってはならないこと

一言で「日本の森」と言いますが、林業の対象は「人工林」です。荒れた「人工林」を減らすためには、「やってはならないこと」と「やらなくてはならないこと」があります。

もっともやってはならないことは、「50年生～60年生になったからといって皆伐して丸裸にすること」です。これをすると二度と再生しません。現在、皆伐してはいけない理由は二つあります。

一つは、丁寧な手入れをするお金がないことです。かつては材価が高く、人件費が安かったので、手入れをする余裕がありました。しかし、現在では、材価を人件費で割った値が1970年頃の20分の1近くにまで下がったので、50年や60年生の木を伐っても、その材の売上げでまた木を植えて下刈りをし、枝を打つという作業ができず、森を再生できません。

また、近年シカの被害が非常に増えています。地域によって違いますが、私たちの町では、仮に1000本の植林をしても、緑が芽吹く前の3月頃だと、3日もすれば植えた木すべてがシカに食べられてしまいます。

これらに加え、41～45年生林に偏っている齢級構成を平均化していくことなどを加えて考えると、全てを一度に伐らずに抜き伐りをしながら木を育て、山をいかにして裸地にしないかということを考えていかなければなりません。

次にやってはいけないことは、「むやみな林道や作業道開設」です。私たちの町にも広域林道がありますが、できた時に見に行っただけで、仕事で使う人は誰もいません。全国にはそうした林道がたくさんあります。「どういう林業をするか」という考えなしに、ただ道を作るので、そういった道が作られるわけです。そういう道をつけても何の役にも立ちません。ただ環境破壊をしているだけになってしまいます。

道をつける時には、どういう林業をするのか、どういった機械を使ってどういう施業をするのかを前提にして、「だから、こういう道が必要だ」と整備されるべきです。

もう一つやってはいけないのは、「事業計画なしの人員採用」です。ここ数十年間の保育の時代の林業は、苗を植えたり、下草刈りをするといった誰でもできる仕事が大部分でした。その時代には、経営はそれほど問われることはありません。ところが木が成長し、伐って出すという時期になると、これまでとはまったく違う林業になります。山を見て、どれくらいの木を伐り、どういう出し方をするかということを理解し、どういった技術者が何人欲しいのか、どういう機械が欲しいのかといったことをセットにして、計画的にやらなければなりません。木を倒すのにも高い技術力が要求されますし、どういう機械を使い、どういった工程管理をするかと考えることが必要です。もちろんコストもきちんと把握しなければなりませんから、そこそこまともな経営がなければなりません。つまり「森を育てる時代から収穫しつつ森林を守る時代」になったということは、これまでの林業とはまったく違う林業を行わなければならなくなったということです。したがって、これからの林業に適した人材をよく考えて採用すべきです。

やらなければならないこと

次に、「やらなければならないこと」をまとめてみます。

山には所有境界の不明なところがかなりあります。私たちは「提案型集約化施業」を10年くらいやってきましたから、町の中であればほぼわかりますが、そういうことをやってない地域では、「境がわからない。どうしたらいいの？」というケースがかなり増えてきているはずです。高齢者の頭の中には境界があっても、それが地図の上に明記されていないのです。

不明になっている所有境界を早く明確にしないと、そのうち誰も手を付けられなくなると思います。

また現状では、どこの森がどれだけ荒れているのか、どれだけ崩壊しかかっているのか、その一歩手前の森がどれだけあるのか、といったことは誰にもわかりません。早急に現地を調査し、森林の荒廃実態を把握することが必要です。

それから、「所有者はもう管理しない」ということを前提にした管理方法や制度を、早急に整備しなければなりません。私の町では、先にも述べたように３００ヘクタールの森を持っている人でも、きちんと自分の森を見回れてない人がいます。したがって誰かがしっかりと管理するシステムを作らなければ、森の荒廃はこれからますます進むと思います。

ドイツでは〝フォレスター〟という州の役人が、自分の管轄範囲の森林をきちんと管理しています。ところが日本には、そういう制度がありません。私たち森林組合は、たまたま〝フォレスター〟と同じようなことをやっていますが、やはり全国的にやっていこうと思えば、きちんとした制度を確立しなければならないのは論を待たないはずです。

また、何度も言いますが、林業機械が重要です。日本の林業機械は、ヨーロッパから比べると30年は遅れています。高性能な林業機械を開発しなければ、外材に対抗できるコストを下げることはできません。

さらに「路網」と「効率的な作業システム」も必要です。現在行われている間伐は、ほとんど切り捨て間伐で、道のすぐそばであっても切り捨て間伐をやっているところもあります。

森林組合は本来の仕事にもどれ

私が森林組合に入った頃、全国には1400の森林組合がありました。それが合併を繰り返して、現在では700くらいになってしまいました。

かつての森林組合の主な仕事は、森林所有者から頼まれた植林や苗木の販売、下刈りといったことでしたが、ある時期からそうした仕事は減り、緑資源機構（もと森林開発公団）の仕事や県の公社の仕事を請け負ったりと、ほとんどの森林組合は公共関連事業を中心にした経営を続けてきました。そして公共関連事業が減るにしたがい、森林組合の経営は徐々に厳しさを増してきました。

その一方で、個人所有の山が放置されて荒廃してきたわけですから、森林組合は本来やるべき仕事に立ち戻らなければならないのですが、いまのところそちらへ向かっている組合はそれほど多くはありません。「長年やってこなかったから」という理由で二の足を踏む気持ちもわからないではありませんが、勇気を出していただきたいものです。

しっかりした森林の管理と施業を確立するためには、まずリーダー的な人たちが、きちんと現実を理解することです。これまでの「木を植えて育てる林業」から、育った木をどうしていくか、どのように山を作っていくかをきちんと考えなければならないのです。

森林組合という団体がせっかくあるのですから、森林組合は放置している個人所有者の山を取りまとめ、森林組合が責任を持って、地域の森林管理をやってほしいのです。

山の現場を知る人材育成は急務

私は、2年間の「プランナー研修」で300名近い全国の森林組合の職員さんに研修してきましたが、実のところ、森林組合の職員さんがこれほど現場のことを知らないとは思ってもみませんでした。

たとえば、「間伐をやってます」と言われるので「どれくらい伐っているか」と聞くと、みんな同じように「3割です」と答えます。なぜ3割なのかと聞いてみると「3割と決まっているから」「補助金の決まりが3割だから」と言います。もっと伐らなければいけないところも、伐ってはいけないところも、全部3割でやっているわけです。こういう人がかなりの割合でいるように思いますし、中には「放置しておいても蓄積は増える」と思っていた職員もいました。

つい最近まで、私は森林組合の職員はプロとして最低限度の知識は持っているという前提で研修していたのですが、「どの木を伐って、どの木を残したら、5年後、10年後にどうなるか」といったことがわかっている職員は、全国的にみて少数派ではないかと思うようになってきました。

同じように、道についても、山のどこをカットし、どういう状況のところをどう盛ったら道が崩れるのか崩れないのかといったことは、ほとんど理解されていません。「道をつけたら、道のまわりの木は全部伐らないといけない」と言う人もいました。

ですから、合理的な作業システムとコストを検証して、まともな森林の整備をするためにはまず、「指導者の養成」が必要だと思います。

きちんと現場で教えることができる人を養成することは、緊急の課題です。いろいろな面で森づくりを考えられる人。どういう施業が今必要なのかを判断して、それを現場に適切に指示して監督できる、森林管理の専門家が求められています。また、現場の人をきちんと教えられる人も育てて、一緒に現場で研修をしてもらうようなシステム化をしていかないと間に合いません。

日本の人工林森林は膨大ですので、時間との闘いです。危機感を持って、強い意志で相当なスピードでやる必要があります。

コストをきちんと考えたり、人材育成を真剣に考えることは、そう難しいことではありません。どれもきちんと考えて動けば解決できることばかりです。私自身も、地域の森林を管理しながら少しずつ経営がわかるようになりました。

付け加えておくと、研修にくる若い人の中にはモチベーションの高い人がたくさんいます。ただ、個人のモチベーションが高くても、組織が動かなければ研修を1回受けただけでは結果がでません。

過去2年間の研修によって、喉の渇いた馬を水場に連れて行く方向はだいぶ見えてきました。しかし、喉が渇いていない馬には、いくら道を教えても動きません。つまり全国的に、「森林組合という組織そのものに問題がある」と言わざるをえません。

〝人工林の再生〟が、日本の未来を変える

森林組合にとって致命的なことは、山で働いている人が作業員扱いにされていることです。作業班という制度で、職員でなく半雇用みたいなものなのです。収入が安定していませんから誇りが持てませんし、日給や出来高で働いていますから、どうしても目先の収入を確保する必要に迫られ、「将来、この森林をどうするか」ということに頭が行きません。こういう制度は早々に変えて、技術者がきちっと誇りを持てるようなものを作らなければ、永久に林業は〝業〟にはならないだろうと思います。

最後に、林業の雇用実態の一例として、私のところに届いたメールの中から、山の仕事に情熱を傾けようと転職した方の実話を紹介したいと思います。

この方は、高校を卒業してメーカーに勤め、21年経った時に、あるきっかけで山の仕事に生涯、情熱を傾けようと思い立ちました。42歳の既婚者で、子どもはいま

せん。この方は、転職の前に研修に行った時にはノコギリで間伐をし、夜、山の職人さんたちと話をしたところ、「がんばればポルシェも買える」と言われました。自然と向き合いながら、国土の保全や治水、環境に役立つと思い、その後2回の研修を経て、森林組合に就職の希望を伝えたところ、「行政からの支援も受けられる」と言われて、マンションを売って移り住みました。

ところが、現場まで自分の車で往復1～2時間はかかるのに、ガソリン代は自己負担。チェンソーは買ってくれたが、その他も自己負担。作業前のミーティングもなく、ただ一緒に作業をやってくれればいいということだけでした。月収は15万円で、アパートの家賃が7万5000円。ボーナスはなし。奥さんのパート代8万円を足し、退職金も取り崩してのギリギリの生活だったが、夢のために我慢していました。ある程度覚悟していたが、しかしいくらなんでも限度がある。だんだんと情熱も薄れてきた。せめて、「自分の収入で妻を養えるようになりたい」と言って、ついに辞めたそうです。

その後、実際に山で働いている年配の人は、ハウス栽培や年金受給者などの別収入のある人が多いという話を聞いたそうです。

この話を私にメールで教えてくれた方は、「識者やコンシューマーの方々は、『木は人に優しい、感性を育む、使うことによって住環境にもいい』と言うが、そういうことを言う前に林業の現場を直視してほしい」と書いています。

調べてみたら、この森林組合は私の知っているところで、森林組合の中では比較的真面目なところでした。にもかかわらず、このような状況なのです。

もちろん、こういったことばかりではなく、林業に転職して本当によかったと思っている人もいるでしょうが、林業の現場にはこういった実態もあるということは知っていただきたいと思います。

森林の状況は待ったなしです。10年間の猶予のある山もあれば、もう2年しか猶予のない山もあります。繰り返しますが、そういう山であっても遠目にはわかりません。中に入って見ることによってしか、わからないのです。

日本の国土の3分の2は森林です。天然生林にも問題はありますが、人工林の問題のほうがはるかに大きいと思います。国土面積のほぼ30パーセントを占める人工林の再生は、日本の未来に決定的な影響を及ぼします。その森に「残された時間が少ない」中で、みんなで真剣に考えていかなければいけないと思います。

第5章

ヨーロッパ林業に学ぶ「林業国家」への基盤づくり

梶山恵司
（内閣審議官）

200年の林業経営の歴史を持つヨーロッパに学ぶ

森林資源は長きにわたり主要なエネルギー源であり、また、建築用材でもありました。このため欧州では森林に過度に負担がかかり、中世期から19世紀初頭にかけて、森林は疲弊の極みに達していました。欧州の森林のほとんどは、それ以降に植林したもので、現在では効率的な木材生産と、森林の公益的機能をより高度な次元で引き出す林業が目指されています。つまり、ヨーロッパの林業には「200年の歴史」があるということです。

これに対し、日本でも林業には500年の歴史があると言われますが、日本の場合は奈良県の吉野など、一部地域に限られています。日本で全国レベルで植林が始まったのは明治以降のことで、本格化したのは戦後にすぎません。

私は、日本林業の歴史は50年と言っていますが、正確には木を植えて育てて販売するというサイクルを林業と言うなら、日本で林業が始まるのは、まさにこれからだということです。だからこそ、200年の歴史を持つ欧州の林業から学ぶことは大きいのです。

日本林業の衰退は、外材のせいではない

それでは、戦後の日本林業の好況はどのように考えたらいいのでしょうか。

日本では、戦後間もなくの1960年代に6000万立方メートルの木材生産を行っていました。当時の森林蓄積量は17億立方メートルですから、そこから6000万立方メートルを伐るということは、30年で日本の2500万ヘクタールの全森林を丸裸にする勢いで伐っていたことになります。はっきり言って伐り過ぎです。伐れる資源がなくなって、木材生産量が減少していくのは当然のことでした。

日本の林業が衰退したのは、外材が輸入されるようになったためだと言われてきましたが、実はまったくの事実誤認です。当時、1億立方メートルの木材需要がありましたが、国内から生産できる森林資源は減少する一方であり、それを埋めたのが外材です。国内林業の衰退と外材とは、直接の関係はありません。むしろ、外国から材が入ってこなければ、国内資源にはさらに負担がかかっていたことでしょう。

また、「材価が下がった」ということもよく言われますが、調べてみると当時の材価が異様に高かったことがわかります。次頁図は、オーストリアの材価と日本のスギの材価を比較したものです。統計は1978年からですが、当時でも3倍近い差がありました。

つまり、戦後の日本林業は、高い材価で実力以上の木材生産を行い、楽して儲かったということです。極端に言うと、人力で木を伐り出してもなんとかなったために、経営努力も改善もせず、経営が厳しくなってくると外材のせいにして、現在まできてしまったということです。

「育てる」から「利用する」へのパラダイムシフト

いままでは木を育てることが林業の中心だったことは、50年生以下の森林が8割近くを占めるという林齢構成を見れば一目瞭然です。つまり、そのほとんどが保育段階にあったということです。伐れる材がないわけですから、お金がかかる一方であり、林業が成立しないのは当たり前です。

日本とオーストリアの木材価格の推移

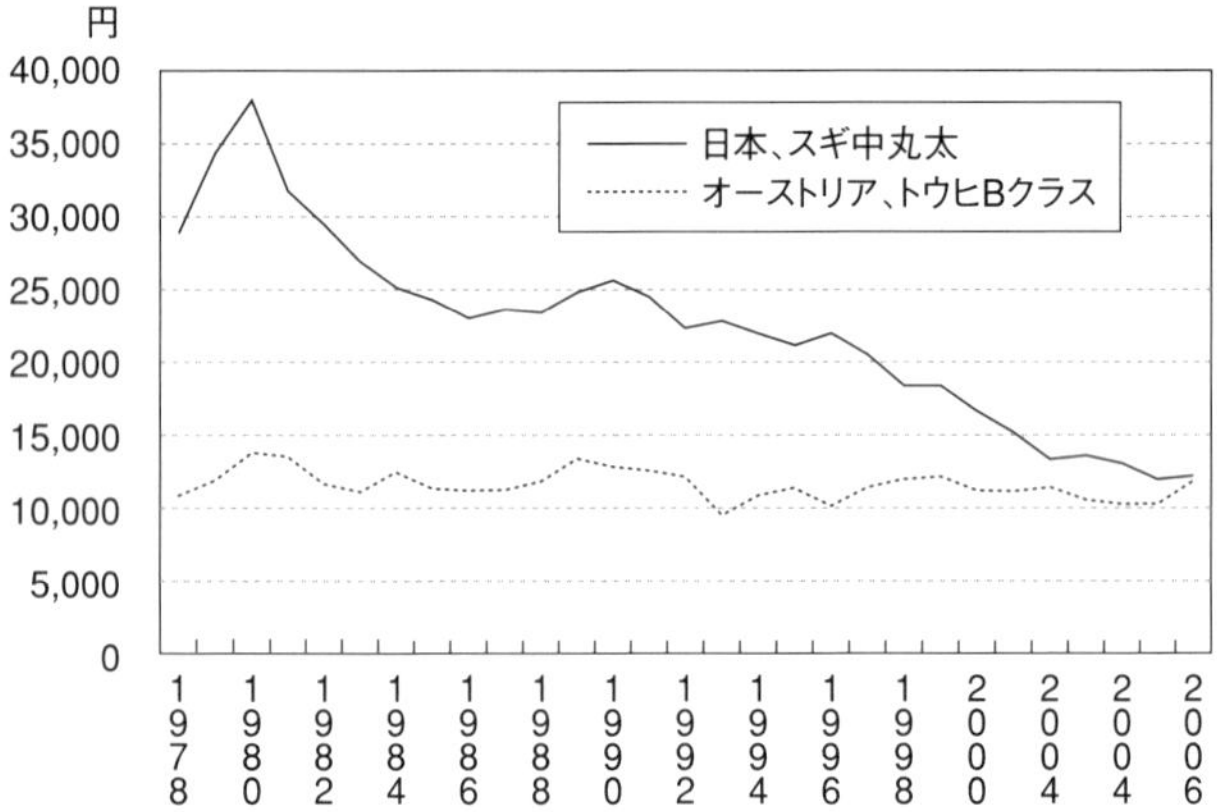

（出所）農林水産省「木材価格」、Waldbericht2006
（注）1ユーロ＝160円で換算

しかし、これからは林齢構成がシフトし、伐採できる木がそろってきます。「木を育てる」段階から、「木材利用」の段階へと移行するわけです。

「保育」と「木材利用」では、要求される技術が全く異なります。まず、道（路網）が必要になりますが、日本は地形が急峻で雨も多いため、道づくりは誰にでもできることではありません。コストをできるだけかけずにきちんとした道を作るためには、相当な技術力が必要になります。

また、作業工程も複雑になってきます。たとえば、「切り捨て間伐」と異なり、材を出すとなると、木を倒す方向が非常に重要になります。どの方向に倒すかによって、次のプロセスに非常に大きな影響を受けますし、立木を傷つけないで倒さなければならないなど、高度な技術力が要求されます。また、複数の林業機械が必要ですから、機械の工程管理も要求されますし、機械のコスト計算もきちんとやっていかなければなりません。さらに、山から出てきた材をいかにうまく売るかという、マーケティングも不可欠となります。

つまり、これからの林業に必要なのは「経営」そのものであり、労働集約の世界から、技術集約・知識集約に転換していかなければならないということです。パラダイムシフトそのものということです。

　これは大きな挑戦ですが、同時にまたとないチャンスでもあります。

公的資金（税金による補助）によって間伐をしている限り、結局は、公的資金の多寡で間伐面積が左右されてしまいますが、「林業」となれば、自立的に木材生産が進み、森林も整備されるということになります。

　切り捨て間伐では、伐った木はそのまま朽ちて、二酸化炭素を排出しますが、伐り出して住宅などに使えば二酸化炭素が固定されます。また、山に残された林地残材をバイオマス資源としても使えるわけです。

　こうした点からも、木を伐り出して使うことによって、はじめて森林がきちんと管理されていくことがわかりますし、そこに雇用が生まれ、地域を支える柱となりうるのです。

林業は先進国型産業

　つまり、林業は先進国型産業であるということです。実際、産業用丸太の生産は、

3分の2が先進国で、3分の1が発展途上国です。発展途上国の木材生産はプランテーション方式か、原生林伐採などですから林業とは言えません。

次頁図のように林業先進諸国の木材生産量も90年代以降、ゆるやかに上昇してきています。

このような林業経営のベースにあるのが、資源の成熟です。

世界の木材利用では、基本的に一定の太さ以上の材が使われています。124頁の写真（上）はニュージーランドですが、トレーラーと木の太さを比べるとわかるように、主伐ではだいたいこのくらいの太さになります。30年でこうした太さの木を育てているわけです。

アメリカでもドイツでも、日本に比べるとずっと太く、だいたい1本1立方メートルから2立方メートルくらいはあります。木材を伐採する場合、細い木を何本も伐るより、太い木を1本伐った方がはるかに効率がいいからです。物流でも、木材加工でも同じことが言えます。

日本では樹齢が若いために細い木を伐って集成材として使うことがよくありますが、今後太い材が出てくるようになると、日本でも集成材ではなく、ムク（無垢材）

先進諸国の木材生産量の推移

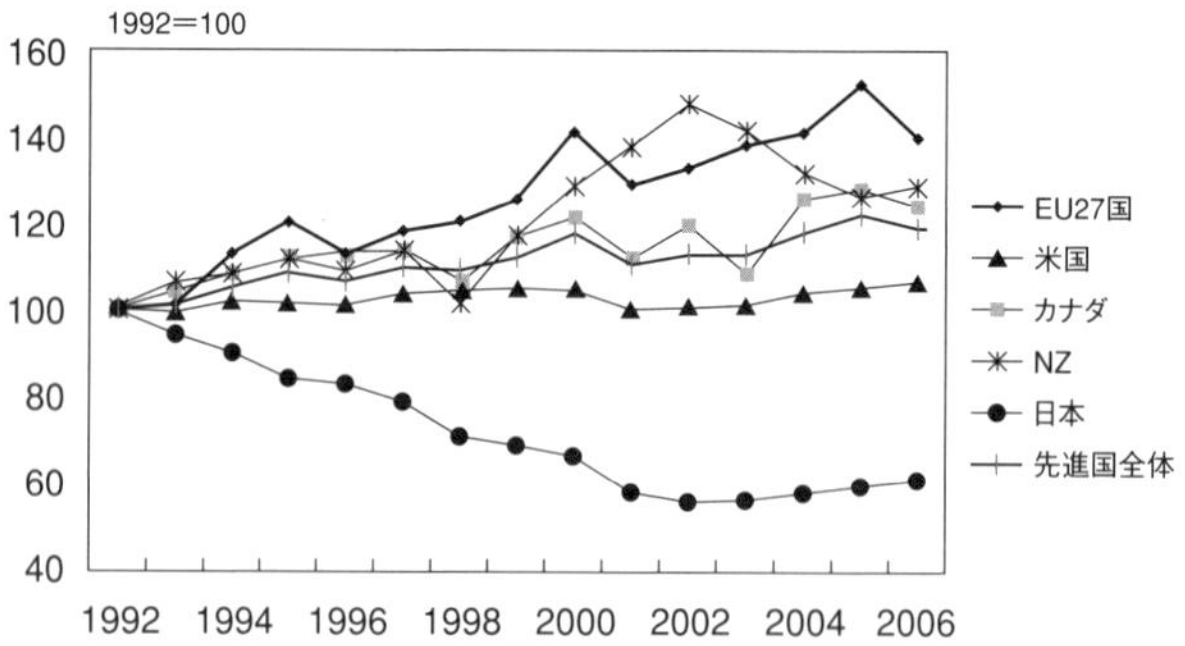

（出所）FAOSTAT

でも使えるようになってくるはずです。実際、ヨーロッパの木材利用を見ると、日本で使っている柱のサイズを集成材で使っている例はほとんどありません。基本的にムクです。ムクのほうが加工が簡単ですし、製材加工コストも安いからです。

また、林齢が高くなるということは、多様な森づくりにもつながり、森林の多面的機能をより引き出すことにもつながります。

いま、ドイツの森のほとんどが針広混交林ですが、植林した木はあまりありません。天然の力を可能な限り活かす方法をとっています。たとえば、天然に生えた広葉樹をできるだけ活かすような施業をすることで、針広混交林化を図ってきました。

また、上層部がだいたい樹齢100年を超えている森では帯状に少しずつ伐採していきながら、自然に生えてきた木を活かしています。伐り時になると、下の状況を見ながら上層部を伐採します。天然更新といっても、人の手は頻繁に入れますから、下の状況を見ながら、上層部を伐採していくのです。新しい芽が生えてきた時は、できるだけ目的の樹種を残すように下刈りや徐伐をしていきます。

現在のヨーロッパの森の林齢構成は、いずれも100年を超えてうまくバランスしていますから、太い材も出てくるし、生産効率も上がるわけです。持続可能な森

ニュージーランドの伐採現場。30年で１本２m^3になる

ドイツの一般的な製材のサイズ

林経営という意味では、ヨーロッパの森は完成しています。また、景観的にもはるかに立派な森になっています。

日本もこれから努力すれば、このような豊かな森林資源の恵みを享受できるのです。

ルール整備と森づくり

「保育」から「利用」へと転換し、森林経営を成立させるためには、そのための条件を整備していかなければなりません。

まず、森林の区分を明確にするということです。

ヨーロッパの森林は、基本的に木材生産を対象とした森林とそうでない森林とが明確に分かれています。たとえば、フィンランドの北極圏近くの気候条件の厳しいところの森林がそうですし、山岳地帯にあるオーストリア・アルプスの高山地帯も、木材生産の対象から除外しています。

京都大学の竹内典之名誉教授によれば、日本では「森林」の定義があいまいだそうです。第2次世界大戦後に植えた森を「人工林」とし、それ以外を全て「天然林」と呼んでいますが、将来的にこれらをどのような森林にしていくか、まだあいまいなままです。

人工林の中にも木材生産に適さないところがありますし、木材生産をすることによってより蓄積が高く、公益的機能を高めることができる天然林も存在します。これからは、こうした区分を明確にしていかなければなりません。

そのうえで、林業のルールを整備していく必要があります。

森林は森林として持続しなければ、林業は持続可能にはなりません。このため欧州では、持続可能な森林経営を担保するための最低限のルールを定めています。その代表的なものが、主伐のあとの更新です。私が調べた限りでは、このことをルール化していない国はありません。

ところが、日本ではこの点でもルールはあいまいです。

次頁写真（上）は、皆伐された山です。こうした状況が「グーグルアース」を見ていただくとわかりますが、各地で広がっています。ただし、日本ではすぐに雑木が生えてきますので、数年経つと色ではよくわからないかもしれません。それでも

大面積皆伐の現場

このような道がいたるところで作られている

茶色の地域が九州では目立っています。

私が見た東北のある皆伐現場で、地形もいいので、道をつけて間伐すれば立派な山になっていくはずなのに、人間で言えば15歳くらいの段階で皆伐していました。また、日本の山には、いたるところに前頁写真（下）のような道がつけられています。壊れた道ではなく、いま、作っているところです。作り方が悪いので作るそばから崩れています。

選木基準を定めずに、単純に列ごとに間伐をする列状間伐（次頁写真）も各地で行われています。列状間伐には残す列と伐る列の割合によって、4残2伐、3残2伐などがあります。たとえば、「4残2伐」で、間に桜を植えているところがありますが、理論的な根拠は全くありません。

富士山麓の「3残1伐」では、立木の個体差が少なく、それほど違和感はありませんが、もしもヨーロッパの性能の高い林業機械を入れていたら、きちんとした定性間伐ができ、生産性も10倍以上になると思いました。つまり、ヨーロッパの性能の高い機械を入れたら、基本的に列状間伐は必要なくなるということです。

列状間伐の現場。いい木を伐り、悪い木が残ることもある

森林の現況把握が不可欠

森林の現状を的確に把握することも不可欠です。

ヨーロッパ諸国では、少なくとも10年に一度は森林の現況がどうなっているかの調査を行い、大変細かい科学的なデータが発表されています。現況だけでなく、政策目標に照らし合わせてどうなのか——具体的には、針広混交林化がどこまで進んでいるかといったことが、時系列できちんと記録されていますし、それも含めて可能な限り、モニタリングを行った結果を暫定的であっても発表しています。

なお、先進国の林業研究機関の研究は「森林・林業」のためのものであり、日本のように実際の林業とは関係ない研究や、目的がよくわからない研究はありません。たとえば、日本の研究で、スギのCO_2の吸収量といったものがあります。こうした研究が林業や森林の全体に関連を持って行われていればいいのですが、荒廃していく山の悲惨な状況と無関係に行われても意味がありません。全体からの視点に基づいたコンセプト、順序付けが全くなされていないままに、研究のための研究が行われている例が多いのではないでしょうか。

ヨーロッパの場合は、たとえば、モニタリングは研究機関の役割です。詳細なデータをインターネットで見ることができますし、流通の専門家が現場と一緒になって研究しています。また、ヨーロッパの理論は現場と一致していますから、大学で教わったことが、現場でそのまま通用しますが、日本の場合はその点が完全に乖離しています。

日本でもおそらく、戦後のある時期には、日本林業における現場と理論が一致していたのでしょうが、その後、社会条件の変化への対応が遅れ、現場と理論との乖離が広がってしまいました。

さらに、日本の研究者は、現状分析で終わってしまう傾向があります。日本の森林をどうするのかの視点が希薄で、何のために研究をやっているのかが明確ではありません。

小規模所有者へのサポート

所有者をサポートする体制の整備も急がれます。

森林所有者には小規模所有者も多いので、そうした所有者をサポートするシステムをきちんと整備することも必要です。小規模所有者が増えてくることは、歴史の古い国では共通のことです。決して日本だけの特殊事情ではありません。

林業には専門的な知識も技術力も必要です。木を伐るのは危険な行為でもありますし、大型機械も必要ですから、個人で林業ができるような状況ではなくなってきています。このため、個人所有者は、〝林業の担い手〟とは成り得なくなってきており、森林管理の専門家や専門組織が重要な役割を担っています。そこで、ヨーロッパでは専門家や専門組織が個人所有者をサポートし、実際の現場の木材生産は民間の企業が行うシステムがきちんとできあがっているわけです。

日本では、本来は森林組合がその役割を期待されてきたわけですが、実際に森林組合がやってきたことは、基本的には公益法人である林業公社による治山治水といった公共事業でした。行政から与えられた「公共事業」依存では、営業もコスト管理も、さらには林業の専門的な技術力も、工程管理等々も要求されませんでした。

一方、民間の木材産業の事業体は、個人所有者に一つひとつあたるのは大変ですから、間伐よりは効率のよい皆伐に流れます。つまり、地域の森林は放置されるか皆伐されるかというのが実態でした。

人材の養成も急務です。日本には本当の専門家がほとんどいません。林業の歴史が50年しかないので仕方ないことでもありますが、森林管理や経営の専門家、現場の技術者を大量に、しかもきちんとした人を養成していく必要がありますし、そのための理論構築も必要です。ヨーロッパではこの点でも大変優れた育成制度を持っています。

効率性の高い林業機械の導入を

林業機械も、抜本的な改革が必要です。

次頁写真は木を伐り、枝を払って造材し、運び出す北欧製のハーベスタという機

前後のバランス、アームの旋回性能等を考慮して設計されている、欧州製のホイール式ハーベスタ

械ですが、狭い林内でも動きやすいように、アームが細く、バランスが取れるように設計されていて、木を持ち上げてもびくともしない構造になっています。こうした機械も日本には一台もありません。

機械の通った跡を見ても、枝と枝が触れあっていて、伐開幅が狭いことがわかります。機械自体は大型ですが、アームを回転しても車幅をはみ出さないような設計になっており、周りの立木に触れません。林業機械にとっては必須の条件ですが、これをできる機械も日本には一つもありません。

日本の機械は土木用の機械をそのまま使っているために、林内では使い物にならないのです。日本で使われている機械はアームが太いために木と木の間を通しにくく、林業には向きません。また、基本が建設土木用ですから、アームは非常に頑丈ですが重く、木を持ち上げるとバランスを崩しやすい。最近は伸びるアームもありますが、伸ばして使用すると、さらにバランスが崩れやすくなります。また、アームを上げても垂直にならないので、振り回すと車幅をはみ出して、周りの木にぶつかり傷つけてしまいます。

日本の路網は、伐開幅が広い場合が多いのですが、その理由の一つはこうした機械を使っているせいです。生産性の高い機械は収益性を高めます。収益性が高くないと所有者の意欲もなくなり、山への関心がなくなります。結果として、山は荒廃します。そういう意味でも生産性の高い機械は重要です。

北海道で今でも使われているブルドーザー集材の機械は何回も往復しなければならず、生産性が上がらず、林地もぼろぼろになるものです。２００７年６月の林業工学の国際会議の際に、北海道のこの現場を見たヨーロッパ人は、「日本には何のルールもないのか」とみな驚いていていました。

スイングヤーダという、架線で材を集める時に使う機械もあります。材を引き寄せて集める時にアームを振るのでスイングヤーダと呼ばれていますが、アームを振り回すのでまわりの木に傷がつき、ぼろぼろになります。アームが高くあがらないため、引きずりながら材を引き寄せるので、この時も材がまわりの木にあたって傷つけてしまいます。生産性も高くありませんが、これが今、日本ではよく使われている機械です。

林業機械と路網の組み合せ

木材を搬出するヨーロッパと日本のフォワーダを比較してみると、両者の差は一目瞭然です。材を運び出すスピードと積載量が全く違います。バランスについても、ヨーロッパ製はホイルベースが長いので、長い丸太を積んでも安定していますが、日本製はキャタピラーで、丸太をたくさん積むと重心が後ろにいき、登りは特に危険です。

操縦席もまったく違います。ヨーロッパ製は回転するので、間伐の時は後ろ向きになりながら材を拾い集めることもできます。ところが、日本製ではグラップルの操縦席が別になっていて、こちらを操縦する時には止まって乗り換えなければなりません。積むたび、走るたびに止まらなければならないので、実用に耐えません。さらに、ヨーロッパ製はキャビンが強化ガラスで、エアコンも入っていますから、少しくらいなら雨が降っても動かせます。乗り心地もはるかにすぐれています。一方の日本製のキャビンは、キャビンとは言えないようなもので、とても労働安全や現場で働く人のことを考えて作られているとは思えません。

このような林業機械を使いこなすには、当然のことながら、そのための路網が前提となります。ドイツ・シュバルツバルトの、傾斜の緩い地域の路網とフィンランドの路網を見てください。フィンランドは平坦なので、機械に合わせてほぼ正方形の路網配置になっています。平均300メートル程度で丸太を出せるように設計されています。フィンランドやドイツでヒアリングをした結果、1960年代から90年代半ばにかけて、こうした道を整備してきたということでした。「グーグルアース」で見るとよくわかりますが、いたるところでこうした路網が整備されています。

「日本林業再生」への課題と夢

日本林業がさまざまな面で遅れているのは、産業としての「林業」の歴史が始まっていないということに起因している部分が大きいのですが、資源の成熟が進みつつある現在、まさにチャンスが生まれてきています。これからの主な課題をまとめてみます。

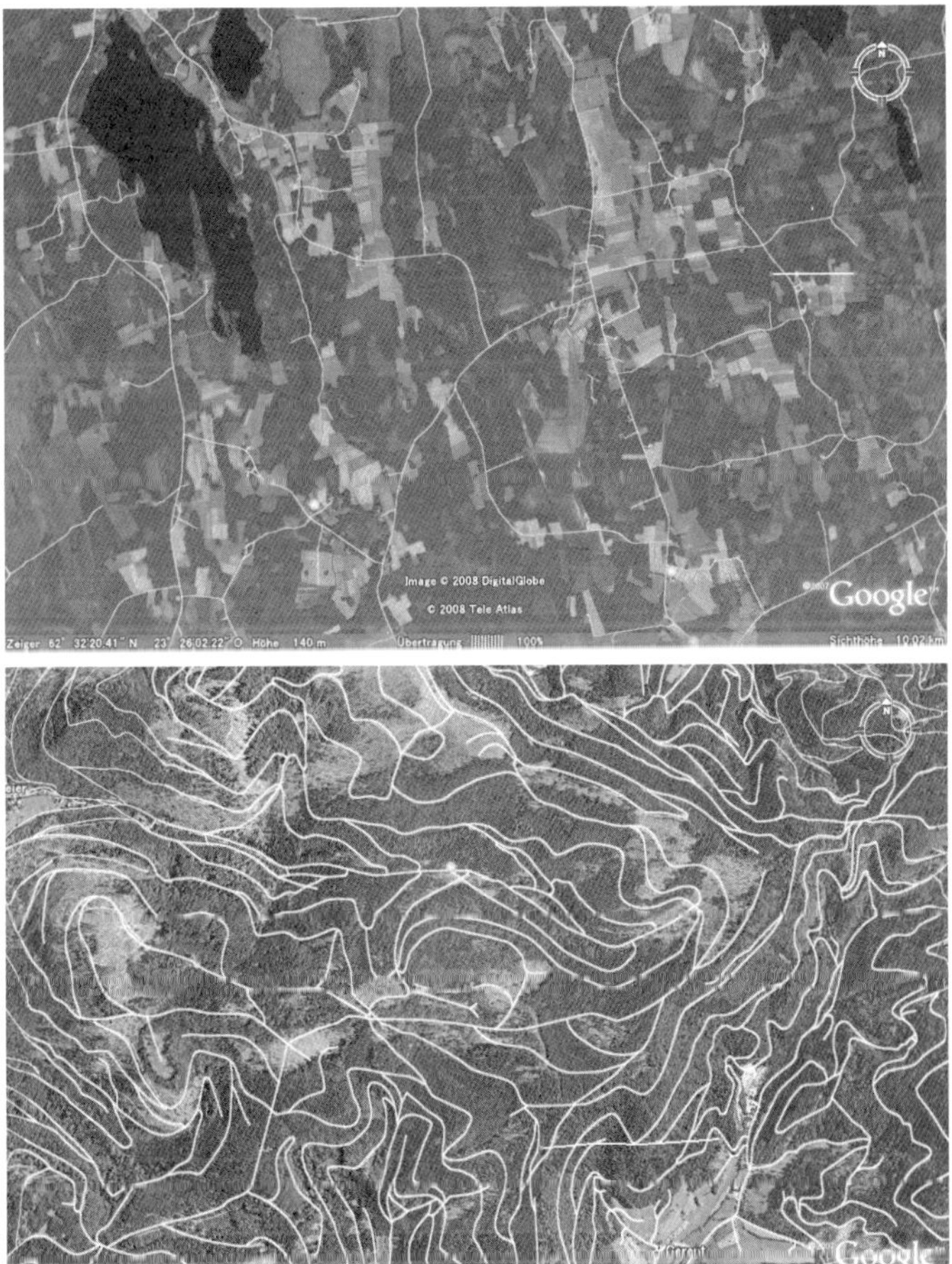

地形に合わせたフィンランド（上）とドイツ（下）の路網
（出典：Google earthより）

まずは、「これからどういう森つくりをしていくのか」、「私たちは森に何を求めるのか」をきちんと考えることです。木材利用や森林の公益的機能などから考えれば、伐期を延ばしていく必要があると思いますし、同時に、ルールもきちんと明確にすべきだと思います。たとえば、再造林に対して潤沢に補助金を出せば、皆伐しても補助金で跡地に苗を植えられるということになります。その結果、モラルハザードが起こり、歯止めがかからなくなってしまいます。事実、すでに一部ではそうしたことが起こっています。補助金のあり方も含めて、トータルで考える必要があります。

ヨーロッパでは林業はできあがっていますが、日本はこれから林業を構築する段階ですので、現状を踏まえたうえで、どういう順序でどう進めていくのかといった戦略が不可欠です。ただ単にヨーロッパの方法をそのまま導入すれば済む、という問題ではありません。

2007年度から林野庁の「提案型集約化施業」が始まりました。これは、小規模所有者を集約化して、合理的、効率的に多面的な森林整備をすすめていこうというもので、そのための人材を養成する「プランナー研修」も5年計画で始まっています。現時点で成果うんぬんを言うのはちょっと早すぎますが、徐々に本格的な研修になりつつあります。

プランナーに要求されるのは、森林管理と現場の技術です。森林管理の理論はある程度は教えることができますが、現場の方は容易ではありません。単に理論だけで覚えてわかっても、現場で試行錯誤、現場で失敗の経験を積まなければ一人前にはなれませんから、なかなか速成はできません。この点をどうするのかというのは、大きな課題です。

それから、森林組合の役割も明確にしなければなりません。これまで安易な公共事業ばかりをやってきた森林組合を、どのようにして、本来の役割である「小規模所有者の取りまとめ」や長期的なビジョンに基づいた森林管理・経営を行っていく組織にするのか。公共事業で食べていける現状を変えていかなければ、森林組合自体を変えることは難しいでしょう。

森林組合と民間との連携も、これからは視野に入れる必要があります。

森林管理と現場作業とは、建設の設計士と大工との関係と同じです。相互に連携しなければ、林業は成立しません。日本ではこの点が整理されておらず、競合して連携できないということが頻繁に起こっています。そうなると不利になるのは、民間です。

日本の人工林は、戦後まもなくは500万ヘクタールでしたが、現在は約1000万ヘクタールと、2倍に増えています。蓄積量も17億立方メートルから、いまは44億立方メートルを超えています。日本の森林は長期にわたって過伐状態を続けていましたから、ここまで緑が多くなったのは、おそらく何百年ぶりのことです。

これを活かすも殺すも、向こう10年間のわれわれの努力次第であり、強い政治的意思が問われるということでもあります。

第6章

全国の林業事業体を歩いて

——持続可能な社会の構築に向けての提案

藤森隆郎
（日本森林技術協会 技術指導役）

持続可能な社会に向けた森林

地球環境問題の反省の上に立てば、現在の生態系を逸脱しない「持続可能な社会の構築」は不可欠であり、大きな社会理念であることは間違いありません。石炭や石油は、太古の地球環境の生態系にあったものを取り出し、現在の生態系の中にばら撒いていることで問題を起こしています。できるだけ現在の生態系に沿った生活の仕方、産業のあり方を考えれば、自然の生産物である木材を持続的に生産し、使っていくことが大事であることはいうまでもありません。そして、森林と持続可能な付き合いをするためには、「木材の利用」と「健全な森林生態系の維持」が必要です。

木材の利用は、現在の生態系の中で循環しているエネルギーと物質をできるだけ有効に使うことになります。木の成長が落ちてきたある段階で伐り、また新たな世代の木を育てていけば、二酸化炭素の吸収速度を高めることもできます。また、木材を利用するということは二酸化炭素を木材の中にストックすることにもなります。

健全な森林生態系を維持することは、生物多様性の維持、水源涵養、気象緩和などにもつながります。樹木は4億年～5億年前に地球上に登場し、森林ができました。その森林の生態系の中で人間は誕生しました。人間はあくまで生物の一種であり、現在の生態系の中で生きていますから、この生態系を形成しているさまざまな生物との関係が必要なのです。

しかし、木材を生産活動とすることは、私たちにとって都合のいい樹種の比率を高めていくことにもなります。収穫歩留まりを高めていくことは、生物多様性と相反することでもあるのです。木材の生産と環境をどう調和していくべきか、そのための方法を次に挙げます。


まず、生産林（人工林中心）と環境林（天然林中心）の適切な配置を考えることです。

大きなレベルで目標にする林型としては、「生産林」と「環境林」が考えられます。「生産林」とは、人工林ないしは人工要素の高い森林のことで、「環境林」は天然林ないしは天然要素の高い森林のことです。

森林の所有者は、できるだけ生産したいと思いますから、従来は林業生産に向かないような立地条件であっても、生産にこだわってきました。しかし、私は、こうした考え方は変えなければならないと思います。これまで人工林として育ててきた森であっても、条件によっては、天然要素の強い森林に方向転換したほうがいいのではないか。そのほうが、広い意味で低コストになり、費用対効果を高める森になるのではないかと思います。

次に、生産林においては生産効率が高く、かつ環境保全との調和を図る管理・施業法が必要です。生産林でも持続可能な森林管理をやっていけば、治山治水や環境保全といった生産以外の公益的機能とも調和していく方向になるということを、しっかりと認識することです。本当によい生産システムを行っていれば環境とも調和しますから、そこには補助金などの手当がなされてもいいでしょう。

その一方で、天然林のように、自然のメカニズムに任せた方が費用対効果がよい場合には、天然林としての評価をきちんとすべきだと思います。日本の林野行政は、天然林への評価が不十分だと私は思います。天然林の究極の一つの姿は、それまで優勢木であった大径木が衰退し、立ち枯れたり、倒木をすることです。しかし、それがないと絶滅してしまう生物がいることも事実です。この事実を押さえて、天然林も適正に配置していかなければなりません。そのことが結果として、森林総体の費用対効果を高めることになると思います。

つまり、立地条件などで生産林に向かないところは方向転換をする、それによってメリハリのある流域の森林管理が可能となり、結果として流域の効率的な林業経営ができるようになるのです。森林組合や林業会社などの事業体が今後果たしていく役割の長期的なビジョンのベースとしては、こうしたことを考える必要があると思います。

ビジョンがない事業体

以上のことを踏まえながら、私が考える現在の森林組合など事業体の問題点をまとめてみます。

◇事業体の問題点(1)

事業体の幹部に事業体の使命と経営の理念が見られない。経営のビジョンが乏しく、森づくりのビジョンが見えない。

私はこれまでずっと森林に関わり、森林の研究や森林行政、森林組合などの事業体の経営を見てきましたが、日標となる森林を明確に示しているものに出合ったことがほとんどありません。これは非常に不思議なことです。「森林計画」という言葉や制度がありながら、目標となる森林の姿はありません。それがないのに計画を立てているとすれば、それは一体何なのかということです。

森林組合などの事業体が目標となる森林を構想するには、たとえば大阪府の大橋慶三郎氏の経営する森林や三重県の速水林業、伊勢神宮の宮域林といった、従来から経営されてきた各地のよい森林を見ることが一つの方法になります。天然林の目標林であれば、やはり本当の天然林を見ることです。しかし、そうしたことを行っている事業体は少なく、ほとんどの事業体には経営のビジョンが乏しく、森づくりのビジョンが見えてこないのが現状です。

また、森林の管理や経営において、自ら考えるという雰囲気が乏しいようです。

日本はなにごとにつけて官主導です。未発展の段階では官主導も必要でしょうが、官が定めたある条件を満たせば補助金が出るということばかりに頼ってきたことが、林業関係者が自ら考える芽を摘んできているのではないかと思います。条件がつく補助金をもらうことに甘んじてきたために、徐々に技術の芽が摘まれてきたように思います。

補助金は、「将来のビジョンを持ち、それが正しいかどうかはわからないとしても可能性があるからとチャレンジする」といった場合に出すようにすべきだと思います。そうすれば「自ら考える」ことを育てることになります。現在の補助金には、それがありません。

林業は経営ですから、コスト意識が乏しいことは決定的な問題です。自ら考えなければなりませんし、コスト意識も不可欠です。さらに、職員が誇りを持って働けるシステムになっていないことが、若い人がこの仕事に就きたいと思える雰囲気を奪っていると思います。

目標林型を定める

◇事業体の問題点(2)

経営と森づくりのビジョンが乏しいために、場当たり的な作業と経営の繰り返しである。

間伐一つにしても、その間伐が全体の中でどの位置にあるのか。列状間伐はどう評価されるのかといったことが、ほとんど考えられていません。ある時点の収支だけを見れば、列状間伐の効率はよいかもしれません。けれども、「目標林型」に照らしてどうなのかということも考えなければなりません。

目標林型は、生態的に見て好ましいということと、林業経営の経営基盤としてしっかりしたものであるという両面から考えることです。特に人工林ないし人工要素の高い森林は、生産対象物の木の集団であるだけでなく、生産設備でもあります。生態系そのものが生産設備なのです。そうした観点から、経営と森づくりのビジョンを構築し、経営基盤となる森の姿である目標林型を定めなければなりません。

しかし、目標林型を定めることは、実はかなり難しいことです。たとえば、複層林といってもいろいろなタイプの複層林がありますから、現在の生産林が今後さまざまなタイプの複層林、あるいは混交林などに進む過程にあると捉え、間伐などの施業をしっかり行うことで、将来さまざまな選択肢ができるようにしていくことが、一つの方向性になります。

長伐期、多間伐施業においても、長伐期、多間伐施業の延長上には複層林施業もあり、混交林施業もあり、さまざまなかたちがあります。複層林でも、単木的択伐（大きな木の抜き伐り）から群状の択抜、帯状の択抜があり、それらを組み合わせることもあります。もちろん小面積の皆伐もあってよいと思います。そうした多様な選択肢の中から、自分たちの森をどのようにしていくのかを、それぞれの地域で、いろいろな知識を出して考えていくことが必要です。

生産林の目標林型の代表的な一例としては、次頁写真（上）「速水林業の130年生の木」が挙げられます。

これは先代から長い間、一つの方向性を持って間伐をしてきた結果のものです。こういう林型を目指して間伐してきたわけですが、経営上で有利な木も収穫しなが

速水林業の130年の木

適性な森林配置の一例

ら、ここまできているということが重要だと思います。

これらの木の樹冠の長さは、樹高の50パーセントまたはそれ以上になっています。それを一つの条件とした目標林型を目指してきました。樹冠長率を50パーセント以上確保するには、一本一本の木に一定の生育空間が与えられなければなりません。そうすると結果的に林内に光が入りやすくなるので、下層の植生が豊かになり、生物多様性との調和も保たれます。下層の植生が豊かであるということは、水土保全との調和も高いレベルで維持できるということでもあります。しかも木全体の重心が低いために、気象災害に対しても強いと考えられます。私は、これは生産林の一つのモデルになると思います。

もう一つ、目標林型を考える場合には流域全体としてどういう森林をどのように配置していくかということも考えるべきことです。前頁写真（下）「適正な森林配置の一例」は岐阜県の石原林材の例ですが、同じスギの人工林でも、よく見ると沢沿いの流域には一定の広葉樹を残していくなど、広葉樹林の配置に工夫があり、生物多様性にも配慮していることがわかります。

持続可能な森林管理は、水平方向の広がりにおいてどういう森林をどのように配置していくかが重要ですが、森林には時間軸もあります。針葉樹人工林でも、100年を周期とする森、80年あるいは120年を周期とする森などいろいろあります。さまざまな生育段階の森林をどう配置していくか。広葉樹林、針葉樹林をどう配置していくか。そうしたこと全体を考えていくことが大切なのです。

どこにでも通用するような「目標とする森林」があるわけではありませんが、これまでの経験や知識に基づいて、「おそらくこれが正しい方向だろう」と計画し、その方向に向かいながら、常にモニタリングをしていく。そして、もしも間違っていることに気づいたら修正していく。そういった順応的な管理が必要になるでしょう。

残念ながら、ほとんどの森林組合などの事業体にはそこまでの考えはありません。しかし、目標林型のないところには、施業計画もありません。目標林型を定める。けれども、目標林型のためにだけ間伐をするのではなく、経営が成り立つように、その時点その時点でそれなりの収益をあげていく。この両面を考えたところに、間伐技術があり、施業技術の重要性があるのです。

若く技術力の高い人材を育成するには

◇事業体の問題点(3)

機能区分別のゾーニングができていない。

ここでいうゾーニングは、大きな面積のゾーニングではなく、その現場、現場できめ細かく行うゾーニングです。ここに道をつけたら他に対して悪い影響が出るし、生産性を高めようとしても道の維持管理だけでマイナスになるだろうと判断して、そういうところは最初から外していく。そうしたゾーニングがなされていません。

生産性を高めるには、それに適した適地を選ぶことが大切です。逆に言うと、立地条件が木材生産に適していない場所で木材生産にこだわったために、経営の足を引っ張っているところも多いということです。繰り返しですが、そのような場所は、水土保全や生物多様性の保全のために天然林としての価値を認めていくべきであり、天然林から人工林までの幅広い森林の価値を認めて、メリハリのある森林管理をしていくことこそ最も低コストになります。天然林を積極的に「環境林」と捉えれば、決してネガティブにはならないはずです。

事業体の現場の技術者が正規の職員ではないなど、まともな扱いを受けていないところが多い。

◇事業体の問題点(4)

林業は、単純作業の工場のように設備を作り、マニュアルにしたがってやればいい、というものではありません。現場技術者は普遍性のある技術を身につけたうえで、現場では個々人の判断で作業を行っていかなければなりません。少しでも場所が変われば、地形も地質も変わります。そこに生えている植物の質も違います。現場で出合う一つひとつのことに、自分で判断して対応していかなければなりません。

にも関わらず、現場技術者は出来高払いで、正規の職員としては扱われていないことの多いのが現状です。現場からの声が組合の職員に伝わらないために、技術革新の妨げにもなっています。技術者としての誇りも持ちにくく、また、そうしたところでは優れた技術者は育ちません。そういうところから、本当の林業技術が生まれてくるかというのは、基本的な大問題です。

たとえば、下刈りのマニュアルで7年目まで下刈りをする、2年目3年目は年に2回するというように数字で決められていますが、そうではなく、技術者がそこで見て、これなら今、この程度ならこういう作業をしたらいいと判断して作業をすれば、さらなる省力化ができるでしょう。そうしたことは、下刈りだけではなく、ほかの作業工程にもあるはずです。

人を育てる、現場の技術者を育てることは非常に大事なことです。若い人が希望や誇りを持てない職場は職員にとっても社会にとっても大きな損失です。

◇事業体の問題点(5)

生産性を高めるための機械の選定と作業システムの構築、道作り技術の向上などが緊急の課題である。

作業システムの向上により、要間伐林の間伐を積極的に進め、将来の産業基盤を高めつつ、できるだけ多くの木材を計画的に供給していくことが大事であり、それが森林組合などの事業体の大きな役割だと思います。施業提案をして多くの森林所有者を取りまとめ、しっかりとした路網の整備や機械化を図り、コスト分析による最適の作業システムを求めることが大事です。

失敗から学ぶ林業再生

森林関係者が今後、目指すべき方向性は、まず森林組合、林業会社、大面積の森林所有者、国有林、県有林などが連携を取り、それぞれの地域の森林を持続的に管理していける体制を作ることです。国有林も含めた流域全体を、森林組合やいろいろな事業主体が連携をとって事業を進めていく、そのことが大切だと思います。

また、行政と研究機関の支援が重要であり、さまざまな機関の連携の中で森林組合の意識改革、また他の事業体や機関の意識改革もしなければなりません。私も研究機関にいましたので、その立場から言うと、いまの研究機関は、現実に優れた林業の職場が見られないこともあって、必ずしも林業に関係のある研究がなされているとは言えません。また、熱い眼差しで林業に関わる研究が求められているとも言えません。

しかし、森林組合など事業体の改革が進み、技術者のレベルが高まってくれば、研究機関もいまのような状態ではいられなくなります。現場からの研究に対する熱い眼差しと鋭い意見が必要だと思います。

私達はいくつものよい森づくりやよい経営などを見るとともに、そういうところで失敗から何を学んできたかを教わる必要があると思います。それが林業技術の進歩を高めることにつながるのだと思います。

以上、森林組合などの事業体の現状と問題点についてお話ししてきましたが、これらは森林組合などの問題だけでなく、いまの日本の森林の姿、林業の問題点そのものではないかという気がしています。でも我々皆の努力によってそれは変えていけるものと信じます。そういう動きの見えていることは心強いことです。我々が誇りの持てる国土のためになくてはならない森林を皆とともに求めていきたいものです。

第3部

私たちの提言

「日本に健全な森をつくり直す委員会」提言

石油に頼らず、森林《もり》に生かされる日本になるために

2009年9月18日

構成メンバー

委員長　養老孟司（東京大学名誉教授）

副委員長　C・W・ニコル（作家）

委員　（五十音順）

天野礼子（アウトドアライター）

尾池和夫（(財)国際高等研究所所長・前京都大学総長）

梶山恵司（富士通総研主任研究員）

竹内典之（京都大学名誉教授）

立松和平（作家）

田中　保（田中静材木店代表）

藤森隆郎（(社)日本森林技術協会技術指導役）

真下正樹（技術士・森林部門）

山崎道生（(株)山崎技研代表）

湯浅　勲（京都府日吉町森林組合参事）

「日本に健全な森をつくり直す委員会」

２００８年７月発足。全国で委員会とシンポジウムを重ね、「21世紀を森林《もり》の時代に」していくための世論を形成することを目的に活動。各界からオブザーバーを委員会に招き、各新聞社の論説委員室にも参加を要請している。通称「養老委員会」。

はじめに

20世紀は「石油の時代」だった。しかし、現在までに産油国の約60か国がすでにピークアウトしている。

石油がピークアウトすると、日本の森林《もり》は消えてしまう心配がある。江戸時代には燃料として猛烈なスピードで木が伐られたため丸裸の山が日本各地にでき、川に水害を繰り返させる要因となっていた。

日本人は何でも徹底的にやってしまう。だから私たちは、森林《もり》を使い果して滅びた文明が繰り返した愚を犯さないよう、「石油が使えるうちに石油を使ってやらなければならない技術開発はやっておき、森が消えないように、どのように森を保全維持管理しつつ森に生かしてもらうか」を、今のうちに考えておこう。

一方、「温暖化防止キャンペーン」が世界中で繰り広げられているが、「石油の元栓を閉めろ」と政治のリーダーたちの誰一人言っていないのはおかしい。我々「日本に健全な森をつくり直す委員会」はそれを言い始めることにした。せめて1年に1パーセントずつでよいから、日本中で石油使用を減らそうではないか。

賢明な政治家は、これに今すぐ取り組んでほしい。そして国民も、「石油の使い方」を一人一人が考えよう。

我々「日本に健全な森をつくり直す委員会」は、石油使用を減らしながら、今は豊富な自然エネルギーである〝森〟をこれからはもっと大切に使わせていただいて、「林業を業《なりわい》とする森林国」として生き、世界からも尊敬を受け得る国となるための努力をすることを、わが国民および国のリーダーたちに提言したい。


私たちの日本列島は、四つの海に囲まれ浮かぶ〝緑の列島〟であってきた。海から立ち上る豊かな水蒸気が、今も国土の3分の2もの森林率を誇る森を残してくれている。

古来より祖先たちは「木の文化」といえる文明をつくり出し、精神の拠り所である神社・仏閣も、住居も共に木で造ることを好む国民として生きてきた。現在国内で使用している木材のうち8割を外国産材に頼ってまでも木材を使っている現状は、わが国民が「木を好む心」を自らのDNA内に知らず知らずに持っているからだろう。しかし、これだけの森林資源がある状況を生かす努力が、今までは足りなかったのではないか。

我国の林野行政は、明治維新時にドイツの経済効率一辺倒の森づくりを模倣した。戦後の復興期から高度経済成長期にかけては、木材需要の増大に対応するために大径木の広葉樹天然林や、50年生以上の針葉樹人工林をほとんど伐ってしまった。いそぎ大造林が行なわれたが、それがまだ成長期にある間に売却できる木材が少なくなり、外材を大量に輸入するという産業システムをつくり上げてきて、現在までの〝日本林業不在〟の年月があった。

これまでは年間1億～8000万立方メートルの木材使用のうちの8割ほどを外材で補ってきた数十年であったが、戦後の造林材が今は使い頃に育ってきており、この機に森林《もり》とのつきあい方を大きく変革すれば、森林率にふさわしい「森林立国」に立ち帰ることができるだろう。

日本人には、「手入れの思想」というものが備わっていたと思う。里の近くに雑木林をつくり、熱源にしたり、落葉は畑の肥料にしたりして、何ひとつ無駄なく使うために、日ごろの「手入れ」がよくなされていた。それを見て100年前に西欧人は感心してくれ、アフリカの人が今、「〝もったいない〟を思い出して使え」と教えてくれている。私たちは、本来の日本人に立ち帰ればよいのだ。そのためにも、「森へ向かおう」。

日本の森林は今、これを将来にわたって持続可能な形で利用してゆくことができるのか、それともこのチャンスを逃すことになるのかの瀬戸際にあり、日本国民は早急に行動に移らなければならないと我々は心得る。

提言

石油に頼らず、森林《もり》に生かされる日本になるために

Ⅰ　石油に頼らず、「木」を使うことによって、「森林《もり》」を生かし、森林《もり》に生かされる「森林《もり》の国」に、日本をつくり変えよう。

「低炭素社会構築」に、国民の一人一人が参加できる国にするのだ。

1．これから50年、日本中で「石油使用」を毎年1パーセントずつ減らしてゆこう。

2．そのためにも、「現在の森林率くらいはこれからも維持してゆく」と決めておこう。

木材生産を求める森林（主に人工林）と、自然の力をできるだけ生かしながら木材生産も求めてゆく森林（主に天然生林・天然更新によるが収穫などの人手が入る）、特別に必要がない限り手をつけない森林（天然林）を区分し直し、わが国の森林全体をとおして〝生物の多様性の保全〟と水土保全が図られるようにしよう。

多様な生物と共存できるように森林《もり》をつくり直し、災害に対して強く、水資源の安定的供給にも優れた森林につくってゆくのだ。

Ⅱ　日本林業にかつてない〝チャンス〟が来ていることを認識し、それを生かそう。「10年間で、年間5000万立方メートルの木材を生産できる体制をつくり上げ、林業を2兆円の我国基幹産業に立て直そう」。森林の保全には、林業の活性化と農山村の復興が必要である。

列島の森林面積2500万ヘクタールの年間成長量はおよそ1億立方メートルは優にあるが、現在自国では需要8000万立方メートルのうち2000万立方メートルの材しか生産できておらず、8割を輸入している。

これからの10年間で、「年間5000万立方メートルの木材生産が可能」となる日本にしよう。すると農山村も復興するだろう。「森へ向かいたい」と希望する若者やI・Uターン者が〝木材生産〟にかかわり生活してゆける手法を編み出すのだ。

使用する木材の乾燥を今でも木質バイオマスエネルギーでなく石油で行っている森林国はわが国だけである。これからますます進めなければならない間伐で出てくる林地残材や未利用材を、エネルギーとしても100パーセント使いきれるような

〝社会システム〟を農山村でつくり上げると、林業・木材産業・流通を含めて「2兆円産業」が成立する。

するど間伐が進むために、森林《もり》も元気になる。

Ⅲ　新総理の下にあらたな「諮問委員会」をつくり、総合計画を一からつくり直そう。

我国には今、本当の意味での「森林《もり》づくり」のための100年、500年の計画がない。

産業革命時に森を破壊し尽くしてしまったドイツの今ある森林はすべて、反省のもとに「つくり直した」人工林である。明治期の日本は、この「つくり直し」初期の経済効率一辺倒の森づくりを模倣していた。

ドイツではおよそ100年間、全土で「森林再生」と「林業再生」が取り組まれ、1000万ヘクタールの森をつくり直してきて、「森を使って生かす」森林国となることができている。「多様な森づくり」に取り組んで、針葉樹・広葉樹混合の、天然更新を重視する大径木づくりが行なわれており、それが林業の効率的な経営につながっている。

1000万ヘクタールと言えば、わが国の人工林面積と同じである。100年をかけてつくり直す気になれば、わが国も同様の森林政策を営めるということではないか。〝政権交代〟という機会に、林野行政をまったく一から見直そう。

それには、現行の「森林・林業基本計画」、「保安林制度」、「補助金制度」のいずれもが、明治の混乱期や戦後の資源造成期につくられた制度のままであることを認識し、これらを全面的に「つくり直す」ことから始めるべきであろう。

今後、官民一体となって、森林《もり》のために国民一人一人のレベルまでが〝森仕事（森のために何かの働きをすること）〟ができる日本にするためには、これまで林野行政へ「耳の痛い」忠告をし続けてこられた森林研究者たちの意見も反映することが賢明な手法である。

Ⅳ　教育制度の確立をいそごう。

1. 「森林組合」の再教育、「人材育成のための学校づくり」をしよう。

ドイツには、国にも州にも「フォレスター（森林管理の専門家）」がいて、国・州の50年向こうの森づくりの計画を、地域の役人や個人所有者と一緒に考え、指導している。

日本では、森林の総合計画や地域の森づくり、個人所有者へのサポートといった、ドイツの「フォレスター」に要求されている機能を果たす行政や人材がいない。「森林組合」が本来はその役を担うべきであったが、長年林業が衰退していたために安易な公共事業に依存する体制が蔓延していた。

近年、林野庁提案の国産材使用のための施策をきっかけに、当委員会委員ら数名が「全国森林組合連合会」らと協働して森林組合改革を行ってきているが、教育のための人材が不足していることが痛感されている。林業国としてのノウハウや理論・技術の蓄積がすでにあるヨーロッパと人材交流を明治維新時のように大胆に図り、森林管理の専門家と現場技術者が養成できる学校をつくろう。人材は早急に必要とされているため、これから1年かけて200人を早急に養成し、現場で〝実業〟ができる「オン・ザ・ジョブ」の体制をいそぎつくろう。国有林においても、森林管理と仕事の専門家がいないことは同じである。国有林では100人を、「道づくり」の専門家らの指導も受けて早急に養成しよう。

2．学校教育で、〝森の心〟〝木の心〟がわかる国民を育てよう。

日本国民一人一人が、子供の頃より、「日本の森林《もり》をどう生かすか」を考える知力を持つことができるよう、幼児期よりの教育を本年より始めよう。

その舞台は、国民の足元にある各地の森林《もり》で、全国七つの林野庁の管理局が地元の各年代の学校教育者と協働してゆける仕組みづくりをしよう。

Ⅴ　改革すべき制度や現状

1．温暖化防止対策として実施されている「森林吸収源対策」は、森林組合改革の推進をさまたげるので見直そう。

「森林再生」が、林業にとっては〝低炭素社会構築〟に貢献する唯一の道である。

しかし現行の温暖化防止策として実施されている「森林吸収源対策」は、実施する森林組合が「利益が出ない」との理由で伐採した材を林地に残してしまっていることや、1600億円弱と巨額なために、森林組合がその〝公共事業〟から抜け出せない体制をつくってしまっている。

「林業改革」を進めるうえではむしろ障害となっているので、ただちに見直すべきである。

2.「皆伐」に法的規制を掛けよう。

近年「林業再生」の取り組みが進み、これまでは外材を使っていたハウスメーカー等による国産材利用が急増したために、列島各地の山が丸裸になっている現状が起こってしまっている。

1ヘクタール以上もの皆伐は、「水土保全機能」が大きく損なわれることと、今つくり上げようとしている〝林業システム〟を否定する森づくりであり、ただちにやめさせるべきである。電力会社も火力発電への木材利用を急激に増やしつつあるが、そこでも皆伐材が投入されていて問題だ。たとえ民有林であっても、成熟途中の人工林を皆伐したり、伐採跡地を放置したりした場合には罰則が与えられるような仕組みを、いそぎつくり上げる必要がある。

木材は今後、地球上でもわが国でも貴重な資源となり、高額となってゆくだろう。日本はその意味でも前述の総理の下での「諮問委員会」で国家的戦略を考え、木材使用が常に計画的に行なわれるような法整備を進めてゆくべきである。

3. 日本の森林のあり方を、国民と林野庁が一緒になって考えよう。

①平成10年度に、３兆８０００億円あった林野庁の赤字のうち2兆８０００億円が国民負担で解消され、１兆円が残された。このため全国で森林管理署が解体され、林野庁には５０００人の職員が残った。

しかし、これからの地域全体の森林管理のあり方を考えると、森林管理の専門家が現場に少なくなっていることは良くない。むしろ中央の職員は減らして、地元の森林管理署を復活、充実させ、全国で改革中である森林組合などと協働させるべきである。

②平成18年度の「行革推進法」の成立により、国有林の事業の一部は非公務員型の独立行政法人に移行することが決まり、それに向けての議論が進められてきたが、前項と同様に私たちはそれを抜本的に見直すべきと提言する。

国有林の管理は、林野庁やその国有林野事業部だけで考えるのではなく、地域地域の民有林所有者との密接な関係の下に、日本全土に〝森林の多様な機能〟を発揮させるために一体的な森林の配置や管理・施業計画をつくるべきものであるからだ。

「国有林問題」は、前述の総理直下のあらたな諮問委員会で議論することも含めて、日本全体の森林のグランドデザインを創考してゆく中で、国民と林野庁が一緒に考えてゆこう。

そのうえで、国有林野事業部が世界にも誇れる仕事として、平成14年度より立松和平と共に行ってきた日本の木造文化を守るための「古事の森づくり」、すなわち「四百年の不伐の森づくり」を、400年後には「巨木の国ニッポン」と世界から称賛されるような国になるための国民運動として広め、続けてゆこう。
③「大規模林業圏開発林道」などで国民の批判を浴び続けている「緑資源機構」は、水源林造成や大規模林道開発などを主要な事業に掲げてきたが、これらの事業が山村地域や流域の生活環境の向上に役割を果たしているとは見えない。その地域

の住民とのやり取りなどを踏まえた「森づくりのビジョン」がなかったからである。〝水源林造成〟と称して広葉樹天然（生）林を伐って針葉樹人工林や針広混交林を造成したりしているのは、水土保全の本来の機能発揮の費用対効果からも得策とは言えない。大規模林道の開設にしても、その地域の林業の振興のビジョンと密接に絡み合ったものでなければならないのに、現状はそうではなかった。林野庁のあり方とも絡めて、「緑資源機構」のなすべきことは何かを、森づくりの原点に立って考え直すべきである。

提言の背景

1．「低炭素型産業」による成長戦略が必要とされている

・産業革命以来続いてきた「資源・エネルギー大量消費」の産業構造が、いまや限界となっている。

二酸化炭素の大量排出による温暖化効果では地球そのものも持たなくなってきている。

・〝持続可能〟な形で資源・エネルギーを利用することによって、二酸化炭素の排出量を削減する「低炭素型産業構造」へと転換し、これを「成長」と「雇用」の源泉とすることこそ、〝日本の成長戦略〟である。

・低炭素型産業構造の一つのあり方が「小規模分散型」で、地域資源を利用する産業。

その典型が、林業を起点とする木材産業集積。製材、合板、住宅、家具、関連

機器メーカー、バイオマス等々と、裾野が広い。しかも、木材産業集積は、資源に近いところに立地するので有利。

・森林資源は、「再生可能資源」であり、二酸化炭素の削減に貢献する。

・「中央に集中し、輸出産業を育成、地域を公共事業で支えてきた」戦後の発展パターンは大きな見直しを迫られており、「内需・地域振興型」の新たな成長戦略を描く上でも、林業を起点とした木材産業集積は、これからの時代を象徴する基幹産業である。

・一方、地球上で森林は今後ますます貴重なエネルギー源となり、森林率の高い日本はこれを有利とする成長戦略へ移行するべき時である。

2. 日本の森林・林業のこれまでと現状

・日本の森林面積は2500万ヘクタールと、国土面積の3分の2を占める。森林の総蓄積は44億立方メートル、年間成長量は1億立方メートルに達し、世界トップクラスであり、その可能性は極めて高い。

・たとえば、森林面積が1000万ヘクタールと日本の人工林とほぼ同じ面積のドイツでは、年間6000万立方メートルもの木材が安定的に生産され、一大産業群を形成しており、その雇用は100万人と、自動車産業の70万人をも上回るほどである。

これに対し、戦後しばらく6000万立方メートルで推移していた日本の木材生産量は、1960年代半ばをピークに減少。現在では、2000万立方メートルとドイツの3分の1しかない。

・日本林業の不振は、戦後の過伐によるものだった。1960年代半ばまでは年間6000万立方メートルの木材生産ができていた。当時の蓄積は20億立方メートルにすぎず、30年で全森林を伐り尽くす勢いでやっていたことになる。伐採跡に植林し、現在の1000万ヘクタールにおよぶ人工林資源に築き上げたが、これまではそれが成長時期にあった。

・また、石油にエネルギー源が移行したことにより、薪炭林材利用が激減したことも林業の衰退に拍車をかけていた。

3. 日本の森林の可能性

・植林開始から50年を超える林分もこれからは急速に増えることになり、戦後造成した人工林資源は、これからがいよいよ「利用」段階に入る。つまり、「日本林業は数十年にわたり木を育てる保育の時代にあった」ということだ。蓄えた資本をもとにこれからは、その成長分を収穫できる段階に入ろうとするところにあると国民全体で認識すべきである。

・木材生産を目指す森林は、それを健全に維持するために成長量の7～8割程度を定期的に伐採する必要があるが、蓄積および年間の成長量からすると、これからは最低でも5000万～6000万立方メートルの木材生産が必要となる。つまりは、ドイツに匹敵する可能性があるということだ。

・しかしながら、このチャンスの実現のためには時間が足りない。

・このままではこうした林分が急増してくるからだ。しかも、資源が「活用」できる段階に入りつつあることから皆伐が拡大している。ひとたび皆伐すれば、巨額の再造林経費がかかり、「持続可能林業」にはならないことをよく認識すべきだ。
・つまり「戦後苦労して築き上げた森林資源を将来につなげるか、それとも森林荒廃によって資源利用もままならないまま朽ち果てさせるのか」の瀬戸際にあるのが現状なのである。

4. めざすべき森林の姿

・「路網整備」して、「間伐」を繰り返していけば、木も太くなり、生産性のみならず品質も大幅に向上する。この二つにいそぎ取り組むことが、人工林資源を将来につなげる唯一の道であることを認識すべきである。
　多様な木材需要にもこたえることが可能となり、地域における木材産業集積をも促す。
・木は太れば、枝が大きくなり、枝葉の間隔があいてくるので木漏れ日が差し込み、明るく、健全な森となる。少しずつ更新し、一定の面積の中に、大きな木も若い木も存在する森づくりとなり、〝針広混交林化〟を進めることも可能になる。

・天然生林についても、北海道の東大演習林や長野の「アファンの森」のように人が手を加えることによって、蓄積が高く、多様性に富んだ森林にしていくことが可能となる。これは同時に経済的にも価値の高い森林となり得る。
・一方、国有林においては、〝自然の鏡〟となる自然のままの天然林も適正に配置すべきである。
・我国の2500万ヘクタールの森林をグランドデザインするには、「健全な林業」がバックにあることが基本である。これがあってはじめて、森林管理の理論・技術が発展し、それを支える人材も養成されてゆく。

5. 労働集約から知識・技術集約へ

・これからの森林・林業は、労働集約の保育の段階とは抜本的に異なり、高度な知識・技術・経済力が要求される。
・地域森林のグランドデザインやそれぞれの林分に応じた森づくりを設計し、現場に適切に発注する森林管理の専門家の養成が急務である。

・林業の基本知識はもちろん、土壌や生態系などに配慮して高性能林業機械を効率よく稼働させる現場技術者の養成もいそがれる。

・作業システムの向上と共に、日本の地形でも使いやすい高性能林業機械の開発を政府が奨励するべきである。

・高齢化や不在村化などで担い手とはなりえなくなった所有者がほとんどとなった現在、所有者が林業の担い手となることは困難であり、森林管理の専門家がこれをサポートすることが不可欠である。

・現状では、森林管理の専門家や現場の役割分担・連携があいまいである。

・所有者サポートは森林組合に期待された機能だが、現実の森林組合は〝公共事業依存型〟で、民間の林業会社と競合してしまっている。この結果、民間の林業会社は、事業を安定的に確保することも困難で、設備投資もままならず疲弊する一方である。

私たちの遺言（この論文は、提言「石油に頼らず、森林《もり》に生かされる日本になるために」の草稿として著されたものです。）

日本に健全な森をつくり直すために

藤森隆郎（日本森林技術協会 技術指導役）
竹内典之（京都大学名誉教授）

人間と森林との関係の大切さ

我々の高い理念は、「持続可能な社会」を目指すことにある。地球環境問題の反省の上に立てば、石油・石炭の化石物質、特に石油に極度に依存した社会のあり方を考え直さなければならない。化石物質を大量に使うことは、過去の生態系が固定した二酸化炭素を大量に排出し、現在の生態系の中では循環していない二酸化炭素を大気中に増やしていくということである。また、人間は化石物質などから自然界に存在しない物質を多く作り出し、それが環境汚染の大きな要因となっている。

「持続可能な社会」の構築のためには、まず現在の生態系にできるだけ沿った生活と社会のあり方を考えることが大切である。人間はあくまで生物の一種であり、他の生物と共に生態系の中で生きているからである。人間は森林の中で誕生し、森林と共に生きてきたものであり、人間にとって森林との関わりは不可欠である。現在は圧倒的に多くの人たちが都会で生活をしているが、都会の人間といえども森林との関わりを忘れては持続可能な社会はありえない。持続可能な森林管理の基に木材を適切に利用していくということは、現在の生態系に沿って生きていくということであり、それは持続可能な社会の構築のために不可欠なことである。

森林は、多様な機能を有している。森林は、多くの生物に採餌、営巣、避難場所を与え、多様な生物の生息場所であり、生物間の相互作用の場である。森林土壌の構造は様々なサイズの孔隙《こうげき》が発達し保水機能が高い。また森林は、人々に潤いを与え、感性や創造力の源泉となるなど、保健や文化に果たす役割が大きい。これらの機能を公益的機能と呼ぶならば、公益的機能と生産機能の発揮をどのように調和させていくかが、人間と森林との付き合いにおいて基本的に大切なこととなる。持続可能な森林の管理は、これらのことを通して考えていかなければならない。

日本の自然と森林

地球環境問題は地球生態系の問題である。地球生態系はそれぞれの地域の生態系によって成り立っているものである。したがってそれぞれの地域の生態系の特色を活かした生活や産業のあり方が、持続可能な社会の構築に不可欠だということになる。そのためにまず、日本の自然と森林の特色を把握しておくことが大切である。

日本は北米プレートとユーラシアプレートに太平洋プレートとフィリピン海プレートがもぐり込むところにできた弧状列島で、地形が複雑急峻な山岳国であり、地震が多発する。また、日本は大陸東岸の温帯モンスーン気候帯にあって、寒暖の差は大きいが概して温暖であり、年間を通して雨が多く、梅雨や台風（熱帯低気圧）による豪雨にしばしば見舞われる。地震や豪雨による斜面の崩壊は、随所に堆積土壌を発達させ、植物の生育はよくて農林業に適した場所が多い。そのような気候と複雑な地形、土壌条件は多様な生物の生育を可能にし、木本類と草本類共に繁茂は激しい。植物の成長に適したこのような環境は、基本的に林業に有利な環境であるが、有用樹種以外の木本、草本類の繁殖力が他の温帯諸国の比ではないことも特色である。また日本は世界有数の台風の常襲地帯であるとともに湿雪も多いので、針葉樹人工林の育成と管理においては、風害、冠雪害に対する耐性に注意しなければならない。

日本の自然は豊かである一方でそのようなハンディはあるが、有用樹種の生産力の潜在力は高く、優れた管理と施業の技術を駆使すれば、林業は有利に展開できるはずである。日本は太陽と水と土壌に恵まれた国であり、そこに成立する木材資源を活かすことこそ日本の持続的な社会にとって大切である。太陽と水と土壌と、そして日本人が有している知恵や勤勉さこそ日本の最大の資源であるはずである。日本の自然である森林に知恵を働かせることによって、日本の環境、経済、文化を豊かにできるし、何よりも豊かな人間性を養えるであろう。

「森づくり」のビジョン

日本の8割以上を占める暖温帯と冷温帯は、それぞれ常緑広葉樹林帯と落葉広葉樹林帯と呼ばれるように、広葉樹が主体で、そこにスギやヒノキなどの針葉樹が混交しているのが本来の自然の姿である。それらの森林は、生物多様性の保全、水源涵養（水土保全）、保健文化などの機能を果たしつつ、資材やエネルギーの供給源として重要な役割を果たしてきた。スギやヒノキなどは構造用材として優れているために人工林として育てられるようになり、それは日本の林業や木材産業に大きく貢献してきた。一方広葉樹も、構造材の一部、家具や器具などの材、エネルギー材など、産業や日々の生活に大きく貢献してきた。

我々はこのような森林の機能をこれまで以上にバランスよく持続的に求めていくことが重要である。そのためには、我々はどういう社会を作っていこうとしているのかというビジョンをしっかりと持ち、森林について良く知り、求める機能に応じた「目標林型」を定めて、それらをどのように配置し、それぞれについてどのように管理し、施業を行っていくかという方策が必要である。

「森づくり」のビジョンは、どういう日本の国を造っていこうとするのかと密接なものでなければならない。それは日本の風土に合った、日本の資源を活かした、我々日本人の生き様を問うものであり、美しい田園、美しい街並みと一体になった美しい「森づくり」ということになる。

これまでの歩み、現状と問題点

縄文時代以降の遺跡から人々の森林との深いつながりがうかがえるが、歴史時代以降は、森林からの木材や落葉などは資材、エネルギー材、有機物肥料などとして人々の日常生活や産業のために必要不可欠なものとなっていた。明治時代以降に石炭や石油が使われ、電気やガスが普及していった中においても、戦後の１９５０年代までは人々の日常生活において木材はなお重要なエネルギー源であり、落葉は重要な肥料であった。それらの過収奪が長く繰り返されたために、森林、特に里山の土壌はやせ気味であった。

江戸時代は藩による森林管理への目配りが比較的よく利き、森林の荒れ方は少なかったといわれているが、明治に入り森林の管理体制が混乱したために、その時期は日本の森林が最も荒れていたといわれている。しかし明治の中頃から資源造成のために針葉樹人工林の造成が積極的に行われ、立派な人工林が各地に造成された（ただし大正時代に入ってからは財政不振のためにその動きは途絶えた）。その時に造成された人工林は、第二次大戦中と戦後の復興期に40〜50年生の利用径級に達した森林になっており、戦中の緊急資材、戦後の復旧資材として大きな役割を果たした。

だがその時に資産をすべて取り崩してしまうのではなく、間伐収穫を得ながら長伐期施業を実施していれば、日本の林業経営はもう少し持続性のあるものになっていたであろう。

戦後は短伐期（40〜50年で皆伐）の政策が採られて、戦前からの人工林のほとんどは戦後しばらくの間に世代の交替が図られた。また、1960年代から1970年代を中心に、拡大造林と呼ばれる天然生林や天然林（天然生林と天然林の定義は後述）を伐って針葉樹人工林を造成したものと合わせて現在40年生前後の人工林が団塊の世代として齢級分布のピークを形成している。

そのような齢級配置の不均衡から、過去30年ぐらいの間は構造用材の利用径級に達した国産材は圧倒的に不足し、それを外材が補ってきた。近年になってヨーロッパ材が日本に輸出されてきたのは、生産や流通システムの技術革新など様々な理由はあるが、基本的には保続的な長伐期施業が行われてきたからである。日本では1970年頃から足場丸太などの小丸太として間伐材が売れなくなったことも、戦後造林して経営基盤作りの段階にあった林家の経営を直撃した。1980年頃までの木材価格の高騰時代は去り、林業の意欲は失われ、二次、三次産業への労働力の流出と共に林業の担い手はどんどん減っていった。木材価格が異常に高かった過去の再来を夢見ることはできないが、今ようやく団塊世代の木材が利用径級に達して、これからは経営できる条件が整ってきた。それを活かすためには技術革新が必要である。

戦後造成された現在40年生前後の人工林を適正に間伐して、将来の経営基盤を作りつつ間伐収入を得ていくことは、今最も大事なことである。これからの10年間は、戦後官民を上げて造成してきた人工林が将来の経営基盤になるか、放置されて無に帰すかの分かれ目となる重要な時期である。これまでの日本の歩みを振り返り、外国に学ぶべきことは学び、これからのあるべき林業の姿を求めていかなければならない。

一方、1970年代から国際的にも国内的にも環境保全に対する意識が高まってきた。それまでの「生産の価値が第一」という考えから、生産も森林の多様な機能の中の一つであり、多様な機能をどのように調和させるかが「持続可能な森林管理」の重要なテーマとなっている。生産と環境をどのように調和させるかの広い視野に立ちながら、林業をどう構築していくかが重要である。

「森づくり」のための基礎知識

森林所有者、森林組合、ＮＰＯ、地域の住民、専門の研究者などの意見を反映させながら、行政は国レベルから地域レベルに応じた「森づくり」のグランドデザインを提示していくことが必要である。そのためには長期的なビジョンに立って、どのような森林を造ろうとし、どのような森林に誘導し、目標に達したものはどのように維持・回転させていこうとしているのかを示していかなければならない。それを具体的に検討するためには、目標とする森林の姿、すなわち「目標林型」を定めることが不可欠である。

目標林型にはまず、**「林分の目標林型」**（林分とは構造や性質などで区分した森林の最小区域のこと）がある。それとともに目的に応じた様々な目標林型の林分の配置のあり方や、目標林型とそれに至る過程の林分の配置といった、流域や地域全体の林分配置の目標となる姿を示すことも大切であり、それを**「配置の目標林型」**と呼ぶ。

林分の目標林型をどういう要素で求めるかは、人工林、天然生林、天然林という人手の加わり方の度合いによる**「林種の区分」**と時間方向の林分構造の変化を示す**「森林の発達段階の区分」**を組み合わせて求めるのが理論的で分かりやすい。そこで本章では「林種」と「森林の発達段階」について説明する。この説明の部分は本提言書草案の全体の流れをしばらく中断しかねないが、森林の管理と施業の基本的な考えを整理するためには非常に大事なところである。

1）林種

林種の定義が曖昧であるために、森林管理の議論が混乱し、目標林型が曖昧になっているのが現状である。例えば林野庁は「森林・林業基本計画」において「人工林」と「天然生林」という二つに区分した用語を使っており、天然生林という一つの用語の中に原生的な天然林から天然更新した森林で木材を生産するものまでを含めている。天然更新（更新とは世代の交代のこと）した森林で人手の加わった森林が、森林科学（林学）、生態学では「天然生林」と定義されているのとは異なった解釈であり、そのことが森林管理の議論と理論に混乱を与えている。例えば、２００６年に「日本の天然林を救う全国連絡会議」は「国有林内の天然林は環境省に移管し、保全する改革に関する請願書」を提出したが、これも元を正せば林野庁の曖昧な用語の使い方と管理のしかたがもたらしているものといえる。そこで内外の生態学と造林学の多くの文献から得られる林種のイメージを整理すると、以下の通りである。

人工林：植栽または播種によって更新した森林である。更新後の手入れの有無は問わないが、間伐等の保育を必要とするのが普通であり、またそうすべき性質のものである。木材生産などを必要とする樹種の比率や歩留まりを高くするために経済的に優れたものである。

天然生林：伐採などの人為の攪乱によって天然更新し、遷移の途上にある森林であり、二次林と呼ばれることも多い。（ただし、天然林であっても遷移の途上のものは二次林である。）天然更新補助作業を行ったり、天然更新し、成林した後で間伐などの手入れをしたり、収穫行為のなされている森林も天然生林と呼んでいる。薪炭林も天然生林の一つである。

天然林：厳密には人手の加わらない森林であり、台風や災害などの自然攪乱によって天然更新し、極相までのあらゆる遷移段階（発達段階）を含む森林である。

天然林に多少の人為の加わったものも、天然要素の強い森林は天然林として扱われる。伐採後に成立した天然生林も時間がたってその痕跡が小さくなったものは天然林と呼ばれることになる。

人手を入れる天然生林か、人手を入れない天然林かを区別することは、求める機能に応じた目標林型を検討するために必要不可欠である。

なお、天然林に対して自然林、天然生林に対して二次林という用語も使われている。二次林というのは極相林（老齢林、自然林、原生林）に至るまでの二次遷移の途中段階にある途中相の森林のことである。二次遷移とは、攪乱を受けても土壌等の前世代の生態系が残っていて、そこから遷移がスタートしたものをいう。二次林は極相と対比される遷移に関する用語であり、天然林、自然林、天然生林は人手の入り方の強さが絡んだ用語であるために、天然林と二次林、自然林と二次林という用語の組み合わせにはなじみにくいところがある。

日本の林種の現状の面積は、人工林が１０３６万ヘクタールで41パーセント、天然林が７３０万ヘクタールで29パーセント、天然生林が６０５万ヘクタールで24パーセントと推計されている。

2）森林の発達段階

森林の管理や施業を理論的に考えるには、その座標軸として、時間方向に沿って森林はどのように構造が変化していくかの傾向を把握しなければならない。植生遷移の理論は植物社会学的な種構成の変化は伝えるが、森林の構造の変化を伝えるものではない。森林は多様な機能を有しているが、それらは森林の時間方向の構造の変化、すなわち森林の発達段階によって変化する。したがって森林の発達段階の一般的な傾向と、それに伴う機能の変化を理解しておくことは、森林の管理と施業にとって基本的に重要である。特に伐期の理論や複層林施業の理論などの根底としてそれは不可欠である。

大きな攪乱（台風、火災、皆伐など）があった後、大規模または中規模の攪乱がない状態が続いた場合は、森林は時間がたつに従って、**林分成立段階**（林分が閉鎖するまでの草本類など様々な植物種が競争しあう段階）、**若齢段階**（樹木が林冠を形成して強く閉鎖していて下層植生が乏しい段階）、**成熟段階**（樹冠同士の間に隙間ができて林内は適度に明るくなり、下層植生が豊かな段階）、そして**老齢段階**（それまで優勢であった大径木の中に衰退木、立ち枯れ木、倒木が随時・随所に発生し、様々な生育段階の木で構成される段階）へと構造が変化していく。老齢段階は極相段階とほぼ同じものであるが、極相は極相構成種が優占していることが定義としてあるのに対して、老齢段階は、大径の衰退木、立ち枯れ木、倒木が存在し、それにより生じたギャップの古さに応じた様々な生育段階の樹群からなるパッチ構造と階層構造の発達した複雑な構造の森林のことを指している。老齢段階は林分の構造の多様性が最も高く、生物種のタイプの多様性も高いものであり、天然林で見られるものである。

林分成立段階は天然林では攪乱から15年、人工林では10年以内が普通である。若齢段階は天然林、人工林ともに攪乱から50年ぐらいまで、成熟段階は天然林で１５０年ぐらいまでに相当することが多い。天然林で１５０年生以上になると老齢段階に移行するものが多い。人工林の主な目的は木材の生産にあり、大径木が衰退し、枯死していくのをよしとはしないので、人工林では老齢段階の手前の成熟段階まで回転させていくのが普通である。

3）森林の発達段階と機能の関係

林分の年間の成長速度（純生産速度、炭素の吸収速度）は林分成立段階で急激に上昇し、若齢段階でピークを示して成熟段階で漸減しながら老齢段階で比較的低い値で安定的になる。それに対して、土壌や植物体を含めた森林の炭素貯蔵量は、攪乱直後に急減するが、その後増加し続けて老齢段階で高い値で安定的になる。炭素の吸収速度は若齢段階で最大値を示すが、炭素の貯蔵量は老齢段階で最大値を示して安定的になるので、一つの林分で炭素の吸収速度を最大にすることと、炭素の貯蔵量を最大にすることを同時に達成することはできない。この事実を理解しておくことは地球温暖化防止の方策などの論議に基本的に必要なことである。

森林の発達段階に応じた生物多様性と水源涵養機能（水土保全機能）の高さの関係の変化のパターンは同じ傾向にあり、かつ炭素の貯蔵量の変化のパターンとも同調する。したがって森林の発達段階に応じた成長速度と、その他の機能は相反する変化のパターンを示すことを理解しておくことは、森林の管理と施業のあり方や、特に目標林型を求める場合の判断基準の基礎知識として重要である。

森林の発達段階と生物多様性の変化についてみると、林分成立段階の生物多様性は鳥類や哺乳類などの生物種のタイプによって低かったり高かったりするが全体的には低めのようである。若齢段階は森林の構造が単純で下層植生は乏しく、生物多様性は目立って低い。成熟段階は下層植生が豊かで、多くの生物に採餌、営巣、避難場所を与え生物多様性は高い。老齢段階は大径の衰退木、立ち枯れ木があり、倒木、樹洞木が多くあり、ギャップの履歴に応じた林分成立段階、若齢段階、成熟段階に相当する樹群のパッチ構造が発達していて、様々なタイプの生物種が豊かである。

森林の発達段階と水源涵養（水土保全）機能の関係についてみると、攪乱直後（林分成立段階）は太陽の直射光、雨滴の直撃、風当たりなどが強くて、土壌の構造は破壊、分解されやすく、地表流の土壌浸食も起きやすくて保水機能が低下する。若齢段階では、強く閉鎖した林冠による降雨の遮断量が多いことにより土壌へ浸透する水の量は減る。また、若齢段階は林木の生産速度が最も高く、成長の旺盛な林木の水消費量（蒸散量と光合成の水消費量）が多いために河川への水流出量は減る。そして下層植生が乏しいために地表流や風による落葉の流亡や飛散が生じ、土壌侵食も起きやすく、保水機能は低下しやすい。それに対して成熟段階から老齢段階に向けては、その構造の特色から、上記の欠点はなくなっていく。特に老齢段階に向けての土壌の充実（土壌構造の発達と土壌層厚の増大）は保水機能を高める。また随所のギャップは林内到達雨量を多くし、日陰と風当たりの弱さから蒸発しにくく、土壌に浸透しやすくなる。

このように時間とともに森林構造はどのように変化し、それに伴い森林の機能はどのように変化していくかの傾向を押さえておくことは、森林の管理と施業にとって本質的に重要なことである。

森林の管理・施業技術

我々がどのような「森づくり」を目指していくかは、小流域、地域、そして日本全体として森林の多様な機能をいかに持続的に調和させて発揮させていくかを考えることである。そのために上述した「森づくりの基礎知識」を活かして、求める機能ごとの林分の目標林型と林分の配置の目標林型を考え、それぞれの機能が効果的に発揮される管理や施業のあり方を考えることが大切である。

1）機能目的に応じた目標林型

林分の目標林型について述べると、木材生産を第一の目的とする森林施業においては、人工林の若齢段階から成熟段階までの範囲の中に目標林型があるはずである。構造用材の生産目的において、皆伐一斉更新の方式では成熟段階の中盤頃、すなわち80年生から120年生ぐらいにかけてのところを目標林型にする長伐期多間伐施業が望ましい。一方、適切な間伐を進めていくと、80年生ぐらいから120年生ぐらいの間に、樹冠同士の間の空間が大きくなって太陽エネルギーの利用効率が低くなってくる。そのために、そのぐらいの林齢で皆伐更新するか、非皆伐で森林を回転させていくかを考えることになる。非皆伐の複層林施業（択伐林施業）には、侵入してきた広葉樹も活かした針広混交林施業も含まれる。広葉樹は天然更新で侵入してきたものを活かすことが望ましいが、それが無理な場合は植栽もあり得る。

針葉樹人工林は生産力が高く、収穫歩留まりが高く、木材需要の普遍性が高くて林業経営に適している。しかし針葉樹人工林はいったん造成すれば、持続的で適時の収穫と、気象災害への安全性、土壌保全などを考慮したしっかりとした間伐管理をしていかなければならない。

天然生林の主体は広葉樹であり、広葉樹の更新は天然更新であることが望ましい。だが母樹が近くにないときには、苗木の植栽に頼ることになるが、苗木植栽による広葉樹育成は針葉樹に比べて難しく、広葉樹林の育成については多くの課題が残っている。エネルギー材やシイタケ原木などの生産は、若齢段階、すなわち20〜30年生で主伐収穫をする短伐期施業が中心となり、クヌギやコナラなどの広葉樹の萌芽更新施業が主体となる。

生物多様性の保全や水土保全などに関わる公益的機能を第一に考える森林は、自然要素の高い天然林を基本的な目標林型とすることが望ましい。そうすれば高い機能を発揮して投入経費は少なく、最も高い費用対効果が得られる。

木材生産を第一の目的とする生産林では、人工林または人工要素の高い森林を対象にして、路網と機械のシステムを駆使し、コスト分析のしっかりした経営が行われることが必要である。それに対して普段は環境保全的な役割を求めながら、必要が生じた時には個人の生活や地域の公共などのために収穫することがある。このような森林は、それほど集約な施業を必要としないタイプの森林の管理と施業の形態をとり、主に天然生林が対象となる。すなわち生産林と環境林の中間的な性質の森林で、生活林と呼ばれることもある。

2）森林の配置

日本の森林の潜在力を活かして、上述した生産林、環境林、生活林などを自然、社会条件に照らしてどのように流域や地域に配置していくかを常に考えていくことが大切である。このような区分においても、さらにそれらの中間的なものや、地域に特有の区分の必要なものもあろう。それらをそれぞれの地域に合ったように区分し、配置していくことが好ましい。森林の管理と施業がよくできているか否かは、それぞれの林分について見るとともに、流域や地域の森林配置のあり方についても見ることが大事である。

生産林地帯でも、河川、湖沼や海洋に沿ってベルト状に渓畔林、河畔林や魚付き林と呼ばれるその場所本来の天然林を要所に配置することは、生物多様性の保全や景観の維持・向上、さらには水土保全的にも必要である。森林と河川、湖沼や海洋との移行帯に特有の本来の森林や草原などは、特に生物多様性の保全のために重要である。人工林の広がるその他の場所の中にも、小面積であっても随所に天然林の配置されていることが望ましい。それは生物多様性の保全のためにも、人工林の病虫害の生態的防除のためにも、景観的にも好ましいことである。

森林の所有者はそこからも経済的利益を得たいと思うのが普通である。したがって環境林にすることが必要な場所や、環境林としての機能を発揮させることを望む人に対しては、そのインセンティブが得られるような税制の優遇や報奨金のようなものが与えられる制度の検討が必要である。特に必要な場所は公的買い取りを行っていくことが好ましい。

林業経営

林業経営の目的は、森林の潜在力を活かし、利用価値の高い材を合理的、持続的に生産し、収益をあげて林業関係者の生活の向上と社会の福祉に貢献していくことにある。持続可能な社会を築いていくためには、それぞれの地域の自然を活かした産業がベースにある社会でなければならない。日本の各地域の最大の資源は水と太陽と土壌である。

持続的な林業経営は森林という生産基盤の上に立って、そこから毎年または一定期間の成長量（生産量）の範囲内の材を収穫して成り立つべきものである。したがって生産基盤となる森林の質と量を高め、維持することが林業経営の基本的かつ具体的な目標となる。生産基盤となる目標とする森林の姿が目標林型であり、目標林型は林業経営の目標と一致すべきものである。目標林型の森林と、路網や機械などのインフラ、そして優れた技術者、経営者のそろった総体が、林業経営の総合的な基盤である。

木材生産には二次産業のような原料は要らないし、農業における肥料や薬剤も要らない。苗木以外のすべては水と太陽と土壌の自然の力に委ねればよいのであり、要るのは自然の力を活かす人間の知恵だけである。すなわち有用な樹種を更新させ、他の植生との競争を緩和させ、有限の生産力を形質のよい個体に配分させ、そして能率的な伐倒と集材をいかにうまく行っていくかの知恵を働かせればよいのである。特に機械の適切な利用システムは経営の大きな鍵を握ることになる。日本の自然と日本人の能力こそ日本の最大の資源であり、それを活かす考えが日本の社会の根底に必要である。

グローバリゼーションの中では、国際的に形成される木材の市場価格に対応しなければならない。与えられた木材価格の条件の中でいかに収益を高めていくかの経営戦略を立て、技術革新を図っていかなければならない。林業経営の投入経費は人件費と機械経費である。そのためには優れた機械の選択と道の整備が必要である。機械と機械、機械と人との間の遊び時間の無駄をいかに小さくするかを考えた作業システムを構築することが大切であり、作業システムはしっかりとしたコスト分析によって評価されることが不可欠である。

消費者に対して生産者側の情報、すなわちある地域の森林からどういう材がどのくらいコンスタントに供給できるかという正確な情報を提供して、消費者側の信頼を得なければならない。また生産者側は、質の高い材が正当な価格で取引されるように、木材に対する正しい情報を伴った消費者への営業努力が必要である。地域の材の特性を活かす技術を持った地域の製材業者や職人技術の大工を有する工務店との連携を重視し、多品目の材を持続的に供給していけるシステムづくりが必要である。地域の森林所有者の連携とともに、地域の関連業種との連携を通して、経営を強化していくことが大切である。規格型の材の生産を主とする大型製材工場との連携とともに、無垢の材を重視する地域の製材工場との連携の両方の流れが必要である。

日本の森林の所有形態は小規模所有者が圧倒的に多く、したがって日本の森林の最大の所有者は小規模森林所有者ということになる。そのために日本の林業経営の最大の鍵は、自力では経営していけない小規模森林所有者をいかに取りまとめて合理的な林業経営を行うかにある。小規模森林所有者を取りまとめれば、地形や林況に応じた路網のルート選定ができ、高性能機械を有効に駆使して生産システムを向上させることができ、経営の合理化が図れる。自力ではやっていけない森林所有者に施業の提案を行い、団地化して計画的に施業を進めていけるのは、地域の森林所有者の利益に応えることを旨とする森林組合である。このような提案型集約化施業の推進に森林組合が全力で取り組むとともに、それに対する行政の制度や支援のあり方の改革も非常に重要になってくる。

なお、ここではコスト管理の明確な人工林を対象とした生産林の経営について述べたが、そのように経営的にシビアなものではない生活林（主に天然生林）の力をどのように発揮させていくかも重要である。生活林は、必要に応じて生産林の性格に近づけたり、遠ざけたり（例えば環境保全や風致効果をより重視）しながら、いろいろな角度からその潜在能力の発揮を検討していくことが大切である。

経営者・技術者の育成

どのようによい施策と経営の目標を立てたとしても、それを誰が行うのかが問題である。現実にはしっかりとした林業の担い手（経営者と技術者）がほとんどいないこと、そういう人たちを育ててこなかったことが深刻な問題を招いている。日本の林業を背負うべき森林組合について見ると、その多くは補助金頼みの体質に陥り、自ら考えて技術の改善と向上を図っていく姿勢はほとんど見られない。将来の経営のビジョンも目標林型もなく、技術者の育成も見られない。ただし、最近ようやくあるべき姿に向けた動きが見られるようになり、光が見えてきている。森林組合が森林所有者に施業の提案を行うために、それぞれの経営の目標と目標林型に沿った間伐や道づくり、そのコスト計算などを行い、所有者と交渉する森林施業プランナーがかなりの数の組合から育ちつつある。森林施業プランナーは一つの重要な技術者像であろう。ただし、優れた経営者がいてこそ優れた森林施業プランナーが生きてくるのであり、優れた経営者の育成の重要なことはいうまでもない。

日本の自然は、知恵を働かせれば林業に適する自然であるから、日本人が本来持っているはずの利口さと勤勉さを発揮すれば、日本の林業は日本の経済に貢献し、伝統文化に新しさを加えた文化を生み出す母体となり得るだろう。自然の複雑な地形と地質、その上に生育する多様な植生、それらに応じて臨機応変な判断力で実力を発揮できるのが現場の作業技術者の魅力である。現場の作業技術者には地形・地質的、生物的、工学的、経営的な側面を通した総合的な知識と創造力が求められ、その人たちの声と経営者との間に共通認識の得られることが必要である。そういうことから、林業は非常に知識集約度の高い仕事であり、本来は高い誇りの持てる仕事のはずである。

しかし現実は、多くの森林組合の作業技術者は非正規雇用の肉体労働者としての扱いしか受けていない。それは林業にとって命ともいえる「自ら考える力」の源泉を放棄していることである。林業にとって現場の作業技術者の力がいかに大事なものかを認識するとともに、それらの人たちが普通一般の生活ができる社会的ステータスを持たせることこそ重要である。自然の中で頭と体を同時に使う仕事は、バランスのとれた健全な人間を育てるものであり、そういう人たちに支えられた社会こそ創造力にあふれた健全な社会である。林業の振興とそのための人材育成は、健全な社会の建設に不可欠なものといえる。

Ｉターン、Ｕターンの人たちが、熱い志で森林組合に入ってきても、森林組合にそれを受け止める林業経営のビジョン、改革の意識、技術指導もないために失意のままに辞めていく人たちが多い。現状は将来の展望を描ける夢の持てる世界ではないからである。林業の振興は若い向上心のある人たちをいかに惹きつけるか、それらの人たちの技術の向上と経営への貢献意欲を満たしていくかにある。ドイツなどヨーロッパの多くの国における若者の憧れの職業の一つは林業技術者であるという。個々の技術者が頭と体を使い自己実現と社会貢献を目指せる林業の現場作業と経営は、個々の技術者にとって達成感の得やすい、若者を惹きつけられるものであるはずである。

技術者の育成のためには経営者の意識改革が必要である。これは森林組合だけでなく、国有林や公有林にも共通することである。そしてそれら全体を束ねられる国の施策とそれに呼応する地域の行政のあり方が問われることになる。

行政に求められること

1）国民に分かりやすい納得のいく「森づくり」のビジョン

これまでに述べてきたことを実現させていくためには、それに適した行政のあり方と法律、制度などが整備されていく必要がある。わが国は明治時代に森林・林業に関するそれらが制定され、時に応じて改変されてきたが、社会情勢の変化、国際的潮流、森林科学の近年の進展から得られる新たな知見などに応じた新たな政策の展開には遅れが見られる。平成13年に森林・林業基本法に基づいて「森林・林業基本計画」が策定され、5年後に一部修正されているが、その内容は国民には非常に分かりにくいものである。技術革新を伴った近代的な林業経営、新たな価値観を求められる生物多様性の保全、地球環境保全などを背景にした持続可能な社会づくりに応えられるしっかりとした座標軸に欠けているのである。

明治時代の前期に「森林法」が制定され、その中に保安林制度が確立され、それが現在に至るまでの森林・林業政策の根幹となっている。保安林は、水源涵養、土砂災害、その他の災害の防備、生活環境の保全・形成などの特定の公共目的のために、森林法に基づき指定される森林である。適切な森林施業などによって森林の保安機能を確保するために、当該森林所有者には一定の義務が課せられ、それに対応する免税などの特例措置を設けたものが保安林制度である。保安林は水源涵養保安林、土砂流出防備保安林など17種類の保安林からなる。

保安林制度は、開発や過伐から森林を守るために、森林の取り扱いに規制をかける制度である。保安林制度は生産追求の行き過ぎに規制をかける（例えば間伐率の上限を定める）性質のものであり、生産の価値を第一としていた時代にはそれなりの役割を果たしてきた。だが規制を旨とする保安林制度からは我々が求める多様な機能に応じた目標とする森林の姿は見えてこないし、長期的な「森づくり」のビジョンは生まれてこない。

1970年代に入って環境問題が大きく叫ばれるようになると、17種類の保安林を7機能で括り、さらに5機能区分を経て、平成13年の「森林・林業基本計画」では「水土保全林」、「森林と人との共生林」、「資源の循環利用林」という3機能の区分を行い公益的機能の重視を強調した。だがこれら三つのタイプの森林の区分の根拠があいまいで、どう読んでも違いが分からないものとなっている。一貫して保安林の制度にこだわり、17種類の保安林の束ね方だけで対応しようとしているところに限界があるのである。

「森林・林業基本計画」に森林の区分ごとの「望ましい森林の姿」が掲げられているが、「森林と人との共生林」などは、保安林の種類の羅列のようなものとなっており、そこからは望ましい森林の姿は見えてこない。「水土保全林」と「資源の循環利用林」についても同じようであり、両者の違いとアイデンティティは見えてこない。そして「森林の区分ごとの望ましい森林への誘導の考え方」として、三つの区分の全てに共通して、育成複層林施業、育成単層林施業、天然生林施業が掲げられている。そもそも森林を区分するとすれば、その目的は求める機能に応じた合理的な森林の取り扱い方を求めていくことにあるはずであり、森林を区分しても施業法に違いがなければ何のために区分しているのか分からない。なお、上述した「森林と人との共生林」という名称は区分の一つとして使われる性質のものではなく、全ての森林は「森林と人との共生林」であろう。

施業法は目的や地域に応じて多様なものであり、国が基本計画で定めるべき性質のものではないように思われる。仮に施業法に触れるとしても、育成複層林施業、育成単層林施業などは行政が独自に作った用語であるが、どれだけの人がそれを理解できるのか疑問である。また用語の定義があいまいであり、技術的根拠も不十分である。なお「複層林施業」は、その実態（例えば群状択伐）に照らして「複相林施業」という用語を用いるのが適切ではないかという意見も以前から出されており、それについても検討していくことが必要であろう。

「森林・林業基本計画」で生産から公益にシフトしたと謳っているが、それは水土保全林の面積を大幅に増やし、資源の循環利用林の面積を小さくしたということのようである。しかし、実際には水土保全林で最も多くの木材を生産する計画になっているので、生産と環境の区分はいよいよあいまいになり、国民には非常に分かりにくいものになっている。水土保全林で育成複層林を増やし、木材生産を多くする計画になっているが、木材生産は本来的に「資源の循環利用林」（生産林）に入れないと混乱を招くことになる。そこをはっきりさせないと、例えば育成複層林施業に補助金を投じて、その評価は水土保全にどれだけ効果があったのか、木材生産にどれだけ効果があったのかの評価の仕様がなくなり、ことがあいまいに済まされていくことになる。そのあいまいさが生産技術やコスト管理をあいまいにし、林業経営の近代化を妨げることになる。一方、水土保全を第一の目的にするのであれば、天然林を残すか、天然林に誘導すればよいのである。天然林化するということは自然に複層林化するということである。天然林は水土保全機能が高く、人手を加える必要はないので水土保全の費用対効果は最も高い。「育成複層林施業」はあくまで木材生産を目的として集約的に行われるべきものであり、木材生産を行いながら水土保全との調和を得やすいものという位置づけが必要である。森林の管理・施業にはメリハリが重要である。

繰り返しになるが保安林制度にこだわっている限り、長期的なビジョンに立った「森づくり」の構想は生まれてこない。その時々のつじつま合わせに終始するのではなく、より大きな視野に立ち、誰にも分かりやすい根拠のしっかりとした施策を展開すべきである。

2）森林（森林生態系）に関する知識に基づく施策の展開

上述した森林・林業政策の分かりにくさは、色々な立場の人たちが共通認識を持てる基盤に立脚していないところから来るものである。様々な立場の人たちの共通認識を得るために基本的に必要なものは森林生態系に関する知識である。林野庁の政策にはそれが欠けているのである。

1992年のリオ・デ・ジャネイロで開催された「環境と開発に関する会議」で「森林原則声明」が承認され、その中で「持続可能な森林管理」が強調された。それを受けて「持続可能な森林管理」とはどういうものかが国際的に議論され、1995年にそれが「モントリオールプロセス」として国連で承認された。それによると「持続可能な森林管理」がなされているか否かは、「森林生態系の健全性」、「生物多様性」、「生態系の生産力」、「水土保全」、「炭素循環への寄与」、「経済、保健文化など社会的便益」、「それらを担保する法・制度の整備」という基準を踏まえて総合的に判断すべきものであるとし、それぞれの基準は複数の指標で示されるべきものとされている。そして、それぞれの指標はモニタリングによる資料によって評価されることになっている。これらの基準は「森づくり」の骨太の議論に大いに参考になるものである。

　モントリオールプロセスの考えの構図は、森林生態系の事実に基づいて社会・経済・文化的便益を検討して持続的な森林管理を行っていこうとするものであり、それを担保するために法律・制度を整備するという考えである。それが国際的にも国内的にも合意形成を図るために必要なプロセスだということである。モントリオールプロセスの作成に日本の林野庁と森林総合研究所は大きく関わってきた。だがモントリオールプロセスが承認されて以来15年になるのに、日本の森林・林業政策にモントリオールプロセスはまったく反映されず、保安林制度からいまだに抜け切れていない状態にある。長期的ビジョンを展開するためにはモントリオールプロセスのような考えを参考にすべきである。

3）国有林問題

　2006年にいわゆる「行革推進法」が成立し、国有林野事業の一部は非公務員型の独立行政法人に移管することが決まり、それに向けて議論が進行している。その中で大きな問題になっているのが、国有林に対する国と独立行政法人の業務分担である。その具体案として、国が天然林、独立行政法人が人工林というように、国有林の業務を天然林と人工林に区分して行う案が有力になっているということである。国有林を天然林と人工林に分けて、その管理主体を別々にすることは、本来あるべき持続可能な森林管理を大きく妨げるために、絶対に避けるべきである。

国有林改革には、まず「森林・林業政策があるべきであり、その政策のための改革が必要である」というスタンスが必要である。国有林の管理は国有林だけのものではなく、その地域の民有林との密接な関係の下に、一体的な森林の配置や管理・施業に寄与すべきものである。国有林を二分化するということは、国有林と民有林の一体的な動きに障害をもたらすものである。森林の配置や管理の方法は試行錯誤を重ねながら修正を重ねて適正な方向に進んでいく性質のものである。それを最初から二分化してしまうことは、流域の管理の大きな障害となる。

独立行政法人化は動かしがたいものとすると、現在の森林管理局を地域と密着した森林管理を目指す独立行政法人として、それぞれの独立行政法人が天然林と人工林（及びその中間的な天然生林なども含む）をともに一元的に管理するのが好ましい。国は森林管理の原則を法制化し、環境、経済、財務などの企画調整を行い、独立行政法人に対して管理の実務を委託し、高いレベルの業務が発揮されるように監理、業務調整などを行うという構図が望ましいのではないかと思われる。

独立行政法人のトップは林野庁から派遣するが、役員は地方分権を強めるために、地域の知事、森林組合を含む林業関係者、自然保護を含むNPO、学識経験者などで構成されるのが好ましいものと思われる。

国有林問題は、「国有林は何をすべきか」から議論を始めるべきである。

4）技術者養成と人づくり

「国有林は何をすべきか」を論じても、「それを誰が行うのか」が伴わなくては机上の空論に終わってしまう。ここでいう「誰」というのは総合的な力を持った技術者のことである。今の林野庁の人事制度では、大学を出て上級職か中級職で採用された者は、2、3年で勤務地とポストが変わり、ジェネラリストとして育てられていく。それでは本当の現場技術者のリーダーは育たない。例えば上級職や中級職の半分は現在のようなジェネラリストの道を歩み、半分は技術者の道を歩むというようなシステムでも作らないと技術者のリーダーは育たない。技術者のリーダーとは、同じ場所で長年現場作業の仕事をし、そのリーダーとなり、一つの森林管理署の署長を10年以上務めるというイメージのものである。このようなリーダーがいてこそ技術革新の要となり、民有林の技術の指導もでき、流域の森林管理のコーディネーターの役割を果たし、技術者育成の指導教官ともなれる。国有林にそういう技術者がいないことが、国有林の本来のあり方を見失い、経営を停滞させ、国有林と民有林の一体となった流域の森林の管理・経営ができない状態にあるとも考えられる。このことは公務員制度全体に関わることであり、林野庁だけで行動が取れるものではないだろうが、技術立国として重要な問題であり、特に長年の経験を要する森林・林業においては真剣に考えなければならないことである。

国家百年の計に向けて

我々はどういう国を作ろうとしているのか、そのためにどういう「森づくり」が必要なのかを根底から考えることが必要である。森林・林業は特に長期的視点に立って物事を考えていかなければ成り立たないものであり、それ故に森林・林業は国づくりのために大事な役割を果たすべきものである。森林・林業には総合力が求められ、また逆に森林・林業から総合力が養われる。総合力の中には感性も含まれ、森林・林業の振興は精神的にも豊かな社会を生み出すであろう。国づくりは人づくりであり、森林・林業は人づくりに欠かせないものである。

特別寄稿

「森林・林業基本法」を一からつくり直すために理解すべきこと

川村　誠
（京都大学大学院農学研究科准教授）

■問題の所在　―グローバルな資源転換と森林政策―

グローバルな風に吹かれ、新しい舞台に押し上げられた日本の森林・林業は、手渡された台本に戸惑い、もがいているかに見える。その台本には、直面する課題として「資源制約」とだけ記されている。さて、どのように理解すべきか。

世界的に増加する木材需要に対して、利用可能な森林資源は限られており、資源確保に向けた激しい国際競争が予想される。振り返れば、20世紀は明らかに森林開発の時代だった。先進国における木材消費の拡大を支えたのは、豊富な天然林を持つ資源国から伐り出される大径材の原木供給であった。しかし、熱帯林、温帯林、北方林を問わず、今や経済的な伐採限界は奥地化し、さらに天然林開発に対する批判の高まりの中で、伐採はリスクの高いビジネスになろうとしている。他方、新たな資源として、人工林あるいは再生二次林から収穫可能な中小径材が注目されている。21世紀は、天然林から人工林への資源転換の時代に入ったとみてよい。

ただし、中小径木の材質は概して多様であり、より汎用性の高い製品開発には、生産から流通に至る新たなイノベーションが必要である。しかも、世界的にみて、人工造林は未だ緒に就いたばかりであり、資源的な偏在は明白である。将来の食料問題やバイオエネルギー需要を考えると、農地を再び人工林の形で森林に戻すことの可能性は低い。また、かつて日本がしたように、残された天然林を開発して、成長の早い人工林に転換（拡大造林）することも生物多様性をベースとした土地利用に反する。今後、人工林によって、どの程度まで、需要をまかなえるかは未知数である。資源制約問題とは人工林問題に他ならない。

時代の転換期にあって、日本の森林政策（林政）の迷走は止まらない。高度経済成長の一翼を担うために、国産材供給の拡大を掲げて「林業基本法」（1964年）が制定された。その後、天然林から人工林への転換が短期間に公的資金まで投入して進められた。その結果、1、000万ヘクタールを超える造林実績が達成され、森林面積の約4割を人工林が占めるに至った。しかし、目的であった国産材の増産は果たせず、むしろ生産の縮小に向かい、輸入材（「外材」）の拡大を招いた。今や、紙パルプ、製材用材含めた木材自給率は20パーセント前後（材積ベース）にまで落ち込んでいる。

こうした事態の原因について十分な検討のないまま、ミレニアムを挟んで、「森林・林業基本法」（2001年）への改正が行われ、政策理念の第1に森林の多面的機能（環境機能）の発揮が掲げられた。「基本法」は経済から環境重視へ、大きく転換されたといえる。しかし、その後、環境視点に立った政策展開はみえてこない。国有林事業にみられるように、林業投資の縮小による森林管理の後退が著しく、放置林といわざるを得ない造林地が広がっている。

ただし、結果的に、世界有数の人工林資源国となったのであり、このまま放置すると資源的な劣化を招くのみならず、ひいては流域の環境悪化を招くことにつながる。森林政策は、環境か経済かの二者択一ではなく、環境配慮に基づく政策展開が求められている。その要に位置するのは資源政策である。資源転換の時代に、改めてこの人工林資源をいかに持続可能な資源利用に結びつけるか、その政策の方向こそ世界の関心事である。

■「林業基本法」の時代と市場問題

「林業基本法」の目指したもの

林政の長い歴史の中でも、「林業基本法」は特異な位置を占めている。明治以後、林政は森林法を中心に、治山治水と森林資源の保全を旨としてきた。それに対して、「林業基本法」は、高度経済成長の木材需要の拡大を受けて、市場経済に対応した産業政策という大胆な政策目標を掲げた。同時に、林業従事者の所得向上を掲げ、都市・農村の所得格差の是正という時代の要請にも応える目標を打ち出した。

もっとも、「林業基本法」はあくまで宣言法であり、森林法のように直接に計画や規制を示すものではない。しかし、「林業基本計画」作成や各種の事業制度の設計を通じて、「林業基本法」が目指したものは具体化されていった。

具現化の第1は拡大造林政策である。木材増産といっても、当時、開発の対象となる森林は、河川の上流域に残る天然林や入会林野の中の薪炭林が主なもので、まとまった人工林は、国有林と在来の民間林業地にしかなかった。いきおい伐採圧力は国有林に掛かった。さらに、この時代、広葉樹パルプやダンボール製品の開発が進み、天然林伐採の市場条件が整ってきたことも開発を容易にした。成長の衰えた天然林を伐採して、成長の旺盛な針葉樹人工林への樹種転換が図られた。旧「森林開発公団」による奥地林道投資と分収造林による拡大造林は、この時代を代表する事業だった。

第2に林業生産の担い手として、専業「林家」の育成である。農家による森林の零細な所有規模を拡大して、「自立経営林家」を育て、森林組合がその経営をサポートする。とりわけ森林組合を中心に、一種の協業体を構成して、林業生産力向上と併せて「林家」の所得向上を図るものだった。「林業基本法」が目的とした林業の構造改善は、結局、森林組合を通じて実施されることとなり、「林業構造改善事業」による補助金投入がその政策手段となった。

高度経済成長下の国産材市場

高度経済成長の前半は、川下対策、つまり流通加工について施策がきわめて手薄だった。未だ多くの人工林が保育段階にあったこともあるが、何より、森林法でいう森林に直接関わるもの以外は、林政の守備範囲外であるとの意識が強かったと考えられる。

当時、国産材の資源的な制約は大きく、高度経済成長に入った国内需要を満たすためには、輸入材の導入が不可欠だった。その結果、国内の林業関係者からは、輸入材による国産材価格の低迷が言われ、「外材体制」とのネーミングがなされた。今なお、国内における木材生産の低迷の犯人探しは輸入材に向けられている。

しかし、注意深くみれば、国産材の市場形成は、むしろ輸入材が拡大する中で果たされたことがわかる。紙・パルプや梱包用材を除くと、国産材流通の中心は住宅用部材の製材にあった。住宅需要の拡大とともに、日本に特異な流通システムが形成される。

第１の特徴は、市売取引の発達である。出荷された多様な材を買手のニーズに合わせて細かく仕訳け、セリあるいは入札にかけて販売する。こうした取引は、１９７０年代に入って、地方の住宅建築が拡大するとともに、全国に広がった。小規模に分散した「林家」の立木を、多数の零細な素材生産業者が集荷し、市売を通じて多数の製材業者に結びつけ、多種目多量の取引を実現した。

第２に、小口の取引を可能にした背景に、化粧性の高い無節材を珍重する独特の価格体系の成立があった。在来の木造住宅は、そもそも柱角製品を多用する住宅構造ではあったが、一般のサラリーマン住宅においても、客間と目する部屋を家族部屋と区別してしつらえ、床柱を持つ床の間を設置する座敷建築が基本だった。そのため、座敷廻りに使用する柱角あるいは長押、鴨居など造作材に無節材に近い製品を当て、部屋自体の製品差別化を図ることになった。その結果、同じ機能を持つ製品に大きな価格差が生じた。国産材取引は、流通段階を経る中で、ひたすら高価格材を仕訳けることになった。

国産材の生産が拡大するよりも減少傾向を辿った大きな理由に、量的拡大のメリットの小さい流通システムがあった。もちろん、その他より低価格な一般材に向けて、輸入原木から国内で製材された製品（「外材製品」）が大量に流通した。この「外材製品」と国産材の一般材が低価格市場を形成することになった。

同じ柱角製品一つをとっても何倍もの価格差のある商品体系の中に「外材」製品は組み込まれていたのであり、「外材」が市場を支配したわけではない。要するに、「外材」で外国の住宅を建てたわけではなく、あくまで在来の木造住宅を建ててきたのである。内向きのビジネスによる国内市場の形成である。

林業地域の対応

「外材体制」下の国産材流通の展開という市場動向に対して、人工林を育てる林業地域はどのように対応したのだろうか。人工林地帯を2つのタイプに分けて捉えることができる。

タイプⅠは、高度経済成長期に入る以前に、既に「林業地」として、人工林経営を始めていた地域、吉野林業や山国林業などである。これに国有林野の特別経営時代に造林された人工林地域を含めることができる。この地域は、異なる林齢の資源を有し、既に製材加工の実績もあり、多様な流通チャネルに恵まれていた。原木丸太の市売市場はもとより、80年代にかけては産地の製品市売市場を開いた地域も少なくない。国産材需要が拡大する中で、製品の価格差を利用したブランド化を進めた。概して、高価格材市場を形成する。

タイプⅡは、「林業基本法」の時代に人工造林を始め、いわば新規参入を果たした地域である。拡大造林による資源造成が主であり、国有林野の亜高山帯への造林地域も、この地域に含めることができる。民有林の場合、薪炭林や採草地といった入会林野の経営に長けていても人工林経営は初体験である。「林家」といってもその経営実体に乏しい。もとより専業「林家」が育つ条件にはなかった。結局、森林組合に依存した育林生産となったことは、むしろ当然であった。しかも、未だ若齢の間伐材が多く、生産された材は低価格市場へと流れることになった。付加価値を付けるための加工産業の存在を欠く地域が多かったことも響いている。

なお、「林業基本法」による林政は、タイプⅠの産地イメージで国産材時代の到来を予想したといえる。そのため、例えば、タイプⅡの地域において、枝打ち作業の導入を柱とした「良質材生産」を奨励した。このような施策でもって、タイプⅡをタイプⅠに近づけようとしたと考えられる。もとより、新規参入の地域の自立は容易ではなかった。

■90年代における政策の混迷

「流域」一貫体制への取組み

80年代後半からのバブル経済の時期、林政は3兆円の累積赤字に悩む国有林経営の見直しに手足を取られていた。しかし、1991年に至って、林政としてはかなり積極的な政策が実施された。「流域政策」あるいは「流域林業」政策と呼ばれる。全国の森林を158の森林計画に区分し、「流域」とした。「流域」区分に当っては、下流にDID都市（人口集中地区）を持つ主要な河川流域に沿った区分とした。この「流域」は、単なる森林計画の編成単位ではなく、林政の単位でもあった。「林業基本法」林政の行き詰まりを抜け出す政策かと期待が集まった。

政策目的として、第1に、上流の森林・山村地域と下流の都市部との間に、「水と緑」を通じた連携を具体的に追求することだった。第2に、「国産材時代」を迎えるため、上流における木材生産量の拡大を前提に、生産された材を下流の加工施設で製材するという一貫体制（「流域管理システム」）を構築することにあった。

何れにせよ、「流域」単位での、上流・下流の連携ないし一体化を目的としていた。旧建設省において、環境重視と住民参加による流域協議が始まるのは、1997年の河川法改正以後である。林政の「流域」が一歩先んじていたともみえる。しかし、政策の過程はおおよそ期待を裏切るものだった。

まず、期待された「緑と水」に対する取組みは全くと言ってよいほどみられなかった。他方、「国産材時代」に向けた取り組みは、「流域活性化協議会」の立ち上げと「流域管理システム」の計画作成が進められた。しかし、現実の国産材流通は、既に市売市場を介して「流域」を超えた流通が確立しており、「流域」単位の流通加工システムの形成そのものが根拠を持たない構想であった。

実際の施策としては、地元の製材工場の参加を募り、組合方式の工場経営を前提とした大型製材加工施設の設置が進められた。年間原木消費量が3万立方メートルあるいは5万立方メートルという当時としてはきわめて大型の国産材工場であった。工場の原木集荷圏としては、「流域」が想定された。しかし、実際に開設された工場のどれもが、原木を求めて既存の市売市場に依存することになり、製品販路の確立が望めないまま操業度の上がらない工場経営に苦しむことになった。

国産材市場の〝市場崩壊〟

90年代、国産材市場に激震が走った。70年代から80年代にかけて形成された日本の高価格材市場の崩壊である。何より、座敷と床の間を必要とする生活文化が後退し、家族中心のホームプランへと変化した。まず、床柱を中心とした磨丸太市場が崩壊し、さらに無節材はじめ化粧性を重んじる製材品の取引が縮小し、国産材取引に独自な高価格材市場が崩壊した。ブランド化で利益を上げてきた林業地や製材産地は転換を余儀なくされている。

さらに、これから本格的な生産に乗り出そうとしている新規参入の地域にも大きな影響を与えている。この変化は、そもそも住宅工法の変化に由来しており、柱角や造作材を多用する工法から、ボード類、フローリング、間柱（平角）製品を中心とする部材使用へと移行しつつある。そのため、集成材や針葉樹合板の商品開発が進んだ。また、構造用部材に芯持柱角を使うか集成材を使うかは、より安価な方を使うということになり、ムク材の優位性は失われつつある。かつて、柱角製品が比較的高価だった時代の人工林育成のスケジュール、すなわち柱取り林業に沿った施業体系は、変更を迫られている。

90年代、政策の後押しで設置された大型工場の多くが苦戦している背景に、バブル経済崩壊後のデフレ経済だけでなく、長期的な市場構造の変化、つまり国産材市場の崩壊があった。この変化の過程は、21世紀に入っても続いており、未だ先は見えない。

■「森林・林業基本法」の何が問題か

旧「農業基本法」を廃案にして、１９９９年に「食料・農業・農村基本法」が改めて制定されたのに対して、旧「林業基本法」の改正による「森林・林業基本法」の中途半端さは否めない。環境重視への転換は良いとして、「基本法林政」下での林業生産の落ち込みをどのように回復し、膨大な人工林をどこへ導くのか、道筋は不明確なままである。

例えば、「森林・林業基本法」の理念を受けて、森林の機能区分の改正が行なわれたものの、木材生産を目的とした森林の多くが、水土保全といった環境林へ組み替えられたに過ぎない。これでは、看板を塗り替えて、環境関連の補助金の受け皿にしたとみられても仕方がない。

仮に、経済林としての森林整備から環境林へと転換するとすれば、まず森林法の見直しあるいは拡充が先であろう。とりあえず「基本法」を廃案にしたうえで、森林法一本で政策を展開した時代、つまり林政の原点に戻って政策の体系を組み直すべきものである。

現行の「森林・林業基本法」は、環境重視へ政策理念の転換を図ったものの、政策の基本に旧「林業基本法」の政策目標がそのまま横滑りの形で入っている。つまり環境をベースに経済を考えるのではなく、環境と経済を横並びに併記しただけのものであり、現代的な課題に応える姿になっていない。

■新しい「基本法」のあり方

資源政策の導入

(1)国内資源の利用と保全

60年代、「林業基本法」が描いた林業生産の発展には間に合わなかったとはいえ、1、000万ヘクタールを超える人工林資源を抱えており、今では45年生を越えて伐期に達した人工林も増えている。この国内資源を生かす道を開くことが必要である。

ただし、この人工林資源には、2つの問題がある。第1に、放置状態の人工林は、劣化資源である。樹冠と樹幹の物理的なバランスを欠く造林木は、風害や雪害など災害に弱い。事実、近年、方々の人工林がパッチ状に倒木状態に陥っている。あるはずの森林計画上の蓄積と現実の蓄積とに乖離が生じつつある。要は、森林蓄積に損耗が生じている。資源劣化である。この劣化を防ぐ方向で、森林整備全体のあり方を再考すべき時である。

第2の問題は、偏った齢級構成の是正である。持続可能な資源利用を長期的に実現するには、よりフラットな齢級構成が不可欠である。EU諸国のように、年々の産出量を抑えてでも齢級構成を崩さない努力が必要である。何より、日本の場合は、新植に急ブレーキがかかってしまった結果、30年生未満の若齢級の人工林面積が極端に少ない。これでは、持続可能な資源利用は不可能となる。新たな造林政策が必要である。

(2) 海外資源の利用可能性の確保

森林資源の利用に当って、一般に、成長量の範囲で収穫をコントロールすることが持続可能性の前提と考えられている。人工林は天然林に比べ成長が旺盛で、収穫可能量が大きい。しかし、収穫とは、その時代、市場が受け入れる収穫物でなければならない。もちろん、柱角製品ならば国内の人工林資源が適している。しかし、より汎用性のある商品開発のための資源は人工林、中でも中小径木に集中しつつある。現在の国内資源は、齢級構成の上で一過性の資源でしかない。天然林から人工林への資源転換が迫られる中、海外における人工林資源の確保は急務である。

まず、従来のグローバルな天然資源の輸入から、限定された分布の人工林資源の確保に向けて、よりリージョナルな東アジアの連携を固める必要がある。人工植栽の進む中国はもとより、シベリア東部からモンゴル・中国にかけて再生二次林も無視できない。この連携が拡大すれば、北米の人工林さらにオーストラリア、ニュージーランドといった環太平洋野の人工林資源が含まれる。この連携こそ、環境保全と資源の持続的な資源利用を睨んだ資源レジームと呼ぶべき制度化・組織化に向けた第一歩となる。

市場政策の導入

(1)イノベーションの(技術革新)促進

市場の長期的な変化と資源配置の移動に対応するためには、イノベーションの視点が不可欠である。かつて「林業基本法」がスタートした時代、架線集材技術の普及を梃子《てこ》に、原木丸太の市売市場に依拠した素材生産業者の叢生《そうせい》がみられた。生産システムのイノベーションと流通イノベーションが上手く結びついたのである。この「集材機革命」を第1次イノベーションと呼ぶことができる。21世紀に入って、架線集材から車輌系の機械による集材への転換が急速に進んだ。中心的な機械化がプロセッサーの導入にあり、「プロセッサー革命」と呼べる。この伐出段階におけるイノベーションが、何らかの流通イノベーションに結びつけば、第2次イノベーションの開始となる。

ただし、欧米で進む大規模な生産拡大による集中処理システムではなく、日本に適した小規模分散型の生産システムの確立が望まれる。従来の「構造改善」の考え方を改め、イノベーション視点による補助体系の整備が必要である。

(2)市場の確保

国内市場は、従来の高価格材市場の崩壊を受けて、新たな市場を模索している。一つの方向は、将来のスタンダードとなる主力製品の開発である。フローリングやボード類となる可能性が高い。ただし、一企業や限られた地域での取り組みではなく、バイオマス循環やLCA（ライフサイクルアセスメント）を含めた総合的で戦略的な商品開発が必要である。

なお、他の方向にも市場が伸びる可能性は高い。在来の林業地に豊富な人工林大径材は、価格ベースの低下に伴い、新たな利用への取り組みが始まっている。さらに、伐出段階のイノベーションによる低コスト化により、林業地以外に分散して存在する企業の所有林や個別農家の所有林からの出材と加工が期待される。さらに製品流通の段階においては、宅配システムによる小口取引の広がりがあり、新たなビジネスチャンスを生んでいる。こうした流通チャネルの拡大への政策的な対応も必要である。

なお、全ての対応はグローバルな市場を想定すべきである。従来、紙・パルプも製材用材も国内市場のみ相手としてきた。時代は大きく変化している。グローバルにみれば、資源確保と市場の確保は裏腹の関係にある。東アジアを軸とした市場編成が期待される。

残された課題

以上、本稿では、資源問題と市場問題を中心に、新たな「基本法」のあり方を論じてきた。残された課題も多い。

第1に、担い手の問題である。「林業基本法」が想定した「自立経営林家」は、もともとよりフィクションに近い。この零細な「林家」経営を束ね支援する組織として、森林組合が政策的な期待を集めてきた。もしも、森林組合が真に「林家」の経営を肩代わりしようとするなら、単なる施業の委託ではなく土地信託の内実を持つ仕組みを広げることが不可欠である。今後、不在村所有者の増加は必至である。所有者の責任を問うだけでなく、所有者から信託を受け、地域的にまとまりのある経営を可能とする仕組みを作る必要がある。一方で、林地価格の低下に伴い、新たに森林投資に向かう動きも無視できない。森林・林業の多様な担い手を育てる政策を必要としている。

第2に、山村問題を中心とする地域問題への対応である。もちろん、地域政策は林政だけで果たせるものではない。地域政策は、国の形をどのように考えるかという枠組みの議論なしにはあり得ない。今や、都市部における過疎化の進行とともに、「過疎・過密の時代」から「過疎・過疎の時代」へと移行しつつある。前者の時代において、政策目標は、都市部の社会・経済両面の生活に追いつくことにあった。「過疎法」や「山村振興法」も、追いつくためのインフラ整備や農林業振興を重点的に扱ってきた。しかし、既に、山村集落の中には、世帯の半分がIターンという地域も珍しくない。山村政策も根本的に見直さねばならない。地域の医療・教育・福祉のミニマムを整備することが、都市・山村を問わず居住選択の自由を保障することになる。それは、とりもなおさず、貧困化の進む山村の現状を救う希望の道を開くことになる。

なお、担い手問題や地域問題については稿を改めて論じたい。以上、「森林・林業基本法」をつくり直すために必要な舞台は揃った。すなわち、「資源問題」「市場問題」「担い手問題」「地域問題」である。

森林法は、国土保全上、時代を超えて日本の森林のあるべき姿を明らかにし保持すべき法的性格を持っている。それに対し、「森林・林業基本法」は、時代の要請を受けて、政策理念とその実現可能性を明らかにすべきものである。繰り返しになるが、資源転換の時代に、新たな資源政策こそ、全ての政策の基本に据えられるべきである。さらに資源と市場は表裏一体であり、森林・林業を地域経済の成長に結びつけるには、まず新たな「基本法」へのつくり直しが求められる。

参考文献

1　川村　誠（2008）：「グローバル化する森林・林業問題と政策課題」、林業経済研究Vol・54(1)3―17頁

2　川村　誠（2008）：「木材貿易の変化と林産物資源」、農業と経済Vol・74(4)65―77頁

3　川村　誠・坂野上なお・長谷川　正（2010）：「日本林業の再生」（井口隆史）編著：『国際化時代と「地域農・林業」の再構築』、日本林業調査会、所収

立松さんが言い遺したこと

立松和平さんが、2010年2月8日に、62歳で逝ってしまいました。私たち「養老委員会」には一編の彼のメッセージが、この本の中に残されました。2009年12月9日に、「〝古事の森づくり〟で列島を歩いて」というテーマで、この本の編集者である戸矢晃一さんに立松和平さんへのインタビューを試みていただき、お二人がそれをまとめられた原稿です。まさかこれが、〝立松和平〟が私たちに残した遺言になるとは思いもしないことでした。立松さんは、85歳くらいで往生すると御自分では考えておられたようなのです。「日本林業は、〝再生〟するのではなくて、これから始まるのだ」。梶山恵司さんは、最近そうおっしゃいます。

確かに今、地球を見まわすと、林業国として自動車産業よりも多くの雇用を林業から生み出し得ているドイツなどの西欧諸国は、1970年代に、全土に林業のための作業路網を張り巡らせていたり、「木材サプライチェーン」と呼ばれるような、林業の〝川上〟から〝川下〟までの輪（チェーン）が確立しています。日本をそれに比べると、森林率は世界第二位であり、他の技術では先進国であるにもかかわらず、「近代林業」においては30年近く遅れを取っていると見え、「日本林業はこれから始まる」は、戦後に植えた人工林が使い頃に成長した今、一つの見方だと思います。

しかし、立松さんが「古事の森づくり」で光を当てたものは何だったでしょうか。

私たちの〝森の国ニッポン〟には、１３００年も前からそこに建っている法隆寺が残されて伝承され、伊勢神宮は20年ごとに建て替えられて、「建築の技術が未来へ伝えられている」というすばらしい現実があります。立松さんはこれを知らせ、「誇りを持って日本林業を伝承してゆこう」と、日本人に提案されたように思います。

民間から梶山さんや湯浅さん、林野庁からは山田壽夫さんたちが〝林業再生〟にチャレンジして、今、新政権が「〝林政〟を一からやり直す」ことにチャレンジし始めようとしています。この二つのグループがまるで「時代の要請」のように出逢えたところに、日本林業と日本の森の〝幸せ〟があったと思えます。いえ、この「出逢い」は偶然なのではなく、日本列島におわす神仏たちが私たちと未来のためにつくってくれたものにちがいないのです。

昨年9月18日に菅直人さんに私たちの提言書を渡したことを立松和平さんにFAXで報告すると、すぐに一通の返信が私に返ってきて、そこにはこう書いてありました。

「日本に健全な森をつくり直す委員会」の一員であることに、誇りを持っています。私をこの委員会に誘ってくれて、ありがとう。

こういった急速な改革時は、ともすれば小さな視点を見失いがちです。山元でいま生きている人達が、高齢であり、弱小であり、古い技術しか持っておらず、情報も届きにくいことに、国民全体が最大の気配りをしてゆくことを忘れないでほしい。

立松さんは、そう思いながら先に旅立ってしまったのではないかと私は考えています。梶山さんと、新政権と、林野庁には、くれぐれもそれを「心して」いただきたく存じます。

この一冊を読んで頂ければ、長い間の日本林業の低迷の謎が解け、私たち67・4パーセントの森林率を持った国の民が、今、何を自分たちのために、そして未来の人々のために、そして何よりも森のために行動すべきかをわかっていただけると思います。

この一冊に収められた各委員の文章は、一部を除いて、私たちの委員会の一年半の活動の中で発言されたものです。収録とテープ起こしを、北海道新聞社出版局が手伝ってくださいました。山好きの安川誠二さんが、会社に無理を言ったのかもしれません。

編集を担当してくださったのは、フリー編集者の戸矢晃一さん。

この紙面を借り、出版やこれまでの活動に力を貸してくださった皆様に、そして特に肥後賢輔氏に、深く感謝を申し上げさせて頂きます。

私たち委員会は、２００９年11月15日に高知にて行った会議で、この一冊の最後に特別寄稿をお寄せくださった川村誠さんの他にも4名の委員を加えて、以下のような陣容と致しました。

立松和平さんが残した「古事の森づくり」の精神を引き継いでゆくことを、ここに誓いたいと思います。

２０１０年2月25日

「日本に健全な森をつくり直す委員会」事務局　天野礼子

日本に健全な森をつくり直す委員会

委員長　養老孟司（東京大学名誉教授）
副委員長　C・W・ニコル（作家）
委　員　天野礼子（アウトドアライター）、尾池和夫（財国際高等研究所所長・前京都大学総長）、梶山恵司（内閣審議官・国家戦略室）、竹内典之（京都大学名誉教授）、田中保（田中静材木店代表）、藤森隆郎（社日本森林技術協会技術指導役）、真下正樹（技術士・森林部門）、山崎道生（株山崎技研社長）、湯浅勲（京都府日吉町森林組合参事）
新委員　岡橋清元（清光林業株第17代当主）、川村誠（京都大学大学院・農学研究科准教授）、白山義久（京都大学フィールド科学教育研究センター長・京都大学教授）、高井洋一（ポロBCS株代表）、中島浩一郎（株銘建工業代表）
永久委員　立松和平（作家・二〇一〇年二月八日永眠）

執筆者プロフィール（掲載順）

天野礼子（あまの れいこ）

アウトドアライター。大学在学中の19歳より釣りを始め、国内外の川、湖、海辺を釣り歩く。１９８８年より文学の師・開高健を会長にし、長良川河口堰建設反対を国会に持ち込み、〝川とダム〟を問う国民運動に育て上げた。近年は「川を再生するには森を生きかえらせることが必要」と、森から材を出す「社会システム」を作り直す提案をする一方、有機農業普及のため「高知４３９国道有機協議会」を立ち上げる。『〝林業再生〟最後の挑戦』（農文協）、『21世紀を森林《もり》の時代に』（北海道新聞社）など著書多数。

養老孟司（ようろう たけし）

東京大学名誉教授。解剖学。１９３７年、神奈川県鎌倉市に生まれる。東京大学医学部を卒業。同大学助手・助教授を経て、１９８１年東京大学医学部教授。『からだの見方』（サントリー学芸賞）、『唯脳論』（共に筑摩書房）、『バカの壁』（新潮新書）、『身体の文学史』（新潮選書）　など多数の著書がある。

立松和平（たてまつ　わへい）
作家。1947年栃木県生まれ。79年から文筆活動に専念する。80年「遠雷」で野間文芸新人賞、93年『卵洗い』で坪田譲治文学賞、97年『毒―風聞・田中正造』で毎日出版文化賞など著書多数。国内外を問わず、各地を旺盛に旅する行動派で、近年は自然環境保護問題にも積極的に取り組んだ。現在、『立松和平全小説』（勉誠出版）が刊行中。2010年2月8日急逝。

C・W・ニコル
作家、環境保護活動家、探検家。1940年英国ウェールズ生まれ。カナダ、北極、エチオピアなどで活動。62年に初来日。80年に長野県黒姫に居を定め、執筆活動を続けるとともに、荒れ果てた里山を購入して二次林の再生活動を実践。95年日本国籍を取得。2002年「財団法人C・W・ニコル・アファンの森財団」を設立し、理事長となる。『勇魚』（文藝春秋）、『風を見た少年』（講談社）、『裸のダルシン』（小学館）など著書多数。

湯浅　勲（ゆあさ　いさお）
京都府日吉町森林組合参事。1951年、京都府日吉町（現・南丹市）生まれ。高校卒業後、エンジニアとして就職するが、87年、35歳の時に地元の日吉町森林組合に転職。前職で身に付けた仕事観、人材登用、働く人たちの心情などから、職場の改善や人材育成を進める。著書に『山も人もいきいき　日吉町森林組合の痛快経営術』『林業経営力アップ！　痛快人材育成術』（全国林業改良普及協会）がある。

梶山恵司（かじやま ひさし）
内閣官房国家戦略室内閣審議官。外務省、ドイツ・チュービンゲン大学などを経て、2009年11月より現職。2001年から03年にかけて富士通総研の福井俊彦理事長（当時）の補佐として経済同友会に出向し、環境問題を担当。欧州の温暖化対策に関する調査研究、森林・林業再生のための研究および実践を行う。主著に『マルクのユーロ戦略と円の無策』（ダイヤモンド社）、『日本林業の成長戦略』（今春出版予定）がある。

藤森隆郎（ふじもり たかお）
㈳日本森林技術協会技術指導役。1938年京都市生まれ。63年農林省林業試験場（現・森林総研）入省し、森林の生態と造林に関する研究に従事。99年から現職。国連の持続可能な森林管理の基準・指標作成委員会の日本代表、気候変動枠組み条約政府間パネル（IPCC）の執筆委員。著書に『森林生態学―持続可能な管理の基礎』（全国林業改良普及協会）、『森との共生――持続可能な社会のために』（丸善）などがある。

竹内典之（たけうち みちゆき）
京都大学名誉教授。1944年生まれ。京都大学では演習林長、フィールド科学教育研究センター副センター長・森林資源管理学教授。北海道、和歌山、芦生研究林などに勤務、「明るい人工林づくり」を目指す日本の人工林研究の第一人者。人工林の密度管理、森林資源の持続的な管理理論の構築と管理技術の開発研究、天然性林の施業法に関する研究、「森里海連環学」などの提案を行っている。

川村 誠（かわむら まこと）

京都大学大学院農学研究科准教授。1948年生まれ。京都大学助手、鳥取大学助教授を経て、2003年から現職。専攻は林政学（森林政策学）・林業経済学。90年代を日本の文化変容の画期と捉え、森林・林業・林産業に生じた多面的な変化への理解を通して、日本林業再生に向けた提言を行なっている。近共著に、井口隆史編著『国際化時代と「地域農・林業」の再構築』（日本林業調査会）がある。

石油に頼らない
森から始める日本再生

二〇一〇年六月二十四日　初版第一刷発行

編　著　養老孟司・日本に健全な森をつくり直す委員会
発行者　五十嵐敏雄
発行所　新潟日報事業社
〒九五一・八一三一　新潟市中央区白山浦一・六四五・五四
TEL　〇二五・二三三・二一〇〇
FAX　〇二五・二三〇・一八三三
http://nnj-book.jp/

装　丁　岡田善敬
編集協力　北海道新聞出版局
印刷所　札幌大同印刷株式会社

ISBN978-4-86132-401-7 C0036 ¥1600E

資料編

森林・林業
再生プラン

～コンクリート社会から木の社会へ～

農林水産省

目次

本プランは、緊急雇用対策（平成21年10月23日緊急雇用対策本部決定）を受け作成したものです。

Ⅰ．新たな森林・林業政策の基本的考え方

1．基本認識

我が国においては、戦後植林した人工林資源が利用可能な段階に入りつつある。しかしながら、国内の林業は路網整備や施業の集約化の遅れなどから生産性が低く、材価も低迷する中、森林所有者の林業への関心は低下している。また、相続などにより、自らの所有すら意識しない森林所有者の増加が懸念され、森林の適正な管理に支障を来すことも危惧される状況にある。

一方、世界的な木材需要の増加、資源ナショナリズムの高まり、為替の動向などを背景として外材輸入の先行きは不透明さを増している。また、木材を化石資源の代わりに、マテリアルやエネルギーとして利用し地球温暖化防止に貢献することや、資材をコンクリートなどから環境にやさしい木材に転換することにより低炭素社会づくりを進めることなど、木材利用の拡大に対する期待も高まっている。

このような状況を踏まえ、今後10年間を目途に、路網の整備、森林施業の集約化及び必要な人材育成

を軸として、効率的かつ安定的な林業経営の基盤づくりを進めるとともに、木材の安定供給と利用に必要な体制を構築し、我が国の森林・林業を早急に再生していくための指針となる「森林・林業再生プラン」を作成する。

2．3つの基本理念

以下の3つの基本理念の下、木材などの森林資源を最大限活用し、雇用・環境にも貢献するよう、我が国の社会構造をコンクリート社会から木の社会へ転換する。

理念1：森林の有する多面的機能の持続的発揮

森林・林業に関わる人材育成を強化するとともに、森林所有者の林業への関心を呼び戻し、森林の適切な整備・保全を通じて、国土の保全、水源のかん養、地球温暖化防止、生物多様性保全、木材生産など森林の有する多面的機能の持続的発揮を確保する。

理念2：林業・木材産業の地域資源創造型産業への再生

林業・木材産業を環境をベースとした我が国の成

長戦略の中に位置づけ、木材の安定供給体制を確立するとともに、川下での加工・流通体制を整備し、山村地域における雇用への貢献を図る。

理念3：木材利用・エネルギー利用拡大による

森林・林業の低炭素社会への貢献木材をマテリアルからエネルギーまで多段階に利用することにより、化石資源の使用削減に貢献し、低炭素社会の実現に貢献する。また、木材利用の拡大が、林業・山村の活性化、森林の適切な整備・保全の推進につながっていくことの国民理解の醸成に取り組む。

Ⅱ．目指すべき姿

10年後の木材自給率50％以上

Ⅲ．検討事項

1．林業経営・技術の高度化

(1) 路網・作業システム

（目的）

森林の整備や木材生産の効率化に必要な、路網と林業機械を組み合わせた作業システムの導入。

（検討事項）

・低コストで崩れにくい作業道などを主体とした路網整備の加速化に向けて必要な、地域の条件に応じた路網作設技術の確立

・先進的な林業機械の導入・改良や効率的な作業システムの構築・普及・定着

(2) 日本型フォレスター制度の創設・技術者等育成体制の整備

（目的）

森林の有する多面的機能の持続的発揮や効率的な林業経営の推進に必要な技術及び知識を持った人材の育成。

（検討事項）

・戦略的・体系的に人材を育成するための「人材育成マスタープラン」の作成

・「日本型フォレスター」、森林施業プランナー、路網設計者など森林・林業に係る現場技術者の育成及び活用

・路網作設オペレーターなど現場技能者の育成及び活用

(3) 森林組合改革・民間事業体サポート

(目的)

木材の安定供給を通じた森林・林業の再生に向け不可欠な、担い手の育成や森林施業の集約化などの基盤整備。

(検討事項)

・地域の森林管理の主体としての森林組合の役割の明確化、員外利用の厳格化と経営内容の透明性の確保、民間事業体の育成

・「森林施業プランナー」による提案型集約化施業の推進

2. 森林資源の活用

(1) 国産材の加工・流通構造

(目的)

森林から産出される木材を最大限に活用するための、国内の加工・流通構造の改革。

(検討事項)

・外材主体の製材工場の国産材への原料転換の促進、質・量ともに、外材に負けない効率的な加工・流通

体制の整備

・大ロット需要先や「梁」、「桁」、「集成材用ラミナ」など従来国産材の利用が少ない用途に対する国産材製品の供給体制の整備

・木材利用の多角化や新たな木質部材開発に向けた研究

・技術開発の推進

(2) 木材利用の拡大

(目的)

地球温暖化防止への貢献やコンクリート社会から木の社会への転換を実現するための木材利用の拡大。

(検討事項)

・地域材住宅の推進とそれを支える木造技術の標準化、木造設計を担える人材の育成、公共建築物などへの木材利用の推進

・経営的・技術的に整合のとれた木質バイオマス利用の仕組みづくりと着実な普及体制の整備、研究・技術開発の推進等

・木材利用に係る環境貢献度の「見える化」などによる国産材の信頼性の向上

3．制度面での改革、予算

(1) 森林情報の整備、森林計画制度の見直し、経営の集中化

(目的)

森林・林業の再生を確実なものとするための、制度面での改革、予算の検討。

(検討事項)

・森林の有する多面的機能の持続的発揮を確保するために必要な森林資源情報の的確な把握及び政策立案・評価への積極的な活用
・森林計画により森林所有者等の適切な森林経営を誘導するなどの取組の強化
・森林所有者等に対する、適切な森林経営の義務づけと間伐等の森林整備を実施する上でのサポートのあり方について一体的に検討
・木材生産と生物多様性保全などの公益的機能が調和した実効性ある森林計画とするための森林計画制度の見直しについて検討
・「日本型フォレスター」の活用のあり方の検討
・意欲のある森林所有者等への経営の集中化の促進

・森林の境界確定の推進と集約化施業や路網整備に係る同意取付の円滑化に向けたルールの検討
・施業の進まない森林に対するセーフティネット（公的森林整備）のあり方の検討

(2) 伐採・更新のルール整備
（目的）
森林資源の持続的かつ循環的な利用の確保。
（検討事項）
・大規模な皆伐の抑止や伐採跡地への植林の確保に必要な仕組みの検討

(3) 木材利用の拡大に向けた制度等の検討
（目的）
木材の確実な利用拡大。
（検討事項）
・公共建築物などにおける木材利用の義務化や石炭火力発電所における石炭と木質燃料の混合利用に向けた枠組みについて関係省庁と連携しつつ検討

(4) 国有林の技術力を活かしたセーフティネット

(目的)

国民共通の財産である国有林の技術力の活用。

(検討事項)

・公益重視の管理経営のより一層の推進、民有林への指導やサポート、森林・林業政策への貢献を行うとともに、そのために組織・事業の全てを一般会計に移行することを検討

(5) 補助金・予算の見直し

(目的)

施策の目的の着実な達成に向けた所要の見直し。

(検討事項)

・現場の実情・要請などを踏まえた補助金の見直し・メニューの簡素化

・制度面での改革と併せた予算の見直し

・路網・作業システムを普及するための補助要件見直し

Ⅳ．推進体制

農林水産大臣は、本プランを着実に推進するため、農林水産省内に、農林水産大臣を本部長とする「森林・林業再生プラン推進本部」を設置する。また、推進本部の下に、制度面、実践面それぞれの具体的な対策の検討を行うための、外部の有識者なども含めた検討委員会を立ち上げる。なお、実施面における取組については、検討委員会の議論を踏まえ、順次、対策を実行に移す。また、制度面の検討については、森林・林業基本計画の見直し（平成22年度末までを目途）に反映させるとともに、必要な法制度の見直しについても検討する。

Ⅴ．主体別の果たす役割について

森林・林業の再生を図るためには、国、地方公共団体、森林組合・林業事業体・森林所有者が、森林・林業基本法に示されたそれぞれの役割を確認し、相互に連携して取組を進めることが重要である。

森林・林業再生プラン（イメージ図）

- 強い林業の再生に向け、路網整備や人材育成など集中的に整備し、今後、10年以内に外材に打ち勝つ国内林業の基盤を確立
- 山元へ利益を還元するシステムを構築し、やる気のある森林所有者・林業事業体を育成するとともに、林業・木材産業を地域産業として再生
- 木材の安定供給体制を構築し、外材からの需要を取り返して、強い木材産業を確立
- 低炭素社会づくりに向け、我が国の社会構造を「コンクリート社会から木の社会」に転換

《木材の安定供給体制を構築し、儲かる林業を実現》

ただちに取組を開始

路網

- 低コストで崩れにくい路網の普及（平成22年度の事業実行に反映）
- 路網の作設オペレーター等の育成（補正予算を活用した研修の実施）

集約化

- 集約化・搬出間伐に向けた予算の集中化（平成22年度から推進）
- 集約化を進めるための人材育成（平成23年までに施業プランナーを2100人育成）

路網整備の徹底

今後10年間でドイツ並みの路網密度を達成

施業可能な森林（人工林の2/3程度）について、低コスト作業システムに必要な路網密度（車両系：100m/ha、架線系：30～50m/ha）を今後10年間で確保

↓

- 施業の集約化が促進（低コスト化）
- 搬出間伐への転換（資源の有効活用）
- 国産材利用の課題解消（木材の安定供給）

平成22年度中に制度的な検討

安定的な木材供給

- 計画的な施業による適切な森林管理への誘導と安定的な木材供給の確保（森林施業計画による伐採・更新のコントロール）

フォレスター

- 計画的で適切な森林施業や林業経営を支える「日本型フォレスター制度」の創設
- 森林所有者への施業提案能力の強化等による森林組合の改革と民間事業体の育成強化

セーフティネット

- 管理放棄地に対するセーフティネット体制（公的森林整備）の確立

国産材の加工流通構造の改革

小規模、分散・多段階　→　大規模・効率的な国産材の加工・流通体制の整備

↓

国産材住宅の推進

- 在来工法住宅をはじめとした住宅の国産材シェア（材積）を向上
- 大工・工務店など、木造住宅・建築の担い手に対する支援

バイオマス利用の促進

- 国産材への原料転換、間伐材などの製紙・バイオマス利用の推進
- 関連研究・技術開発の推進

公共施設等への木材利用の推進

- 公共施設における木材利用の義務付けを検討

新規需要の開拓

- 石炭火力発電における石炭と間伐材の混合利用の促進策を検討
- 木材利用の多角化や新たな木質部材開発に向けた研究・技術開発の推進

～コンクリート社会から木の社会へ　木材自給率50% 低炭素社会の実現～